講義と演習
Lecture and Lesson

情報のこころえ

明田川紀彦
髙橋　大介
篠　　政行
楊　　国林

JN014211

ポラーノ出版

　みなさんは、スマートフォンのない生活を想像できますか？　写真を撮影したり、SNS でコミュニケーションしたり、チケットやお店の予約をしたり、支払いもできるなど、私たちの生活になくてはならないもの、いや私たちの生活そのものになっているのではないでしょうか。こうした便利な生活もコンピュータやインターネットによる技術の支えなしにはありえません。以前、コンピュータは、ワープロや表計算を使って、私たちが手作業で行ってきたことを代替するもので、便利な道具の位置付けでしかありませんでした。そこにインターネットが登場し、世界中の人とリアルタイムに情報をやりとりできるようになりました。さらに通信速度の向上により、その情報もより大容量かつ複雑な情報を扱えるようになり、まさにパラダイムチェンジが起こり、今に至っています。

　2020 年、新型コロナウィルス感染症が世界的なパンデミックとなり、わが国でもダイナミックな社会構造の変化がもたされました。企業では、テレワークが一気に進み、働き方改革が進みました。ICT を活用して時間や場所を有効に活用できる働き方であり、移住やワーケーションなど今まででは考えられないような多様な働き方もみられるようになってきました。教育においては、もともとGIGA スクール構想の元、多くの学校で高速大容量通信ネットワークと一人一台の情報端末の導入が進みつつありました。パンデミックはこうした中での出来事であったため、比較的スムーズに遠隔授業に移行が行われました。パンデミックの際は、学校に通学することができなかったための措置であり仕方ありませんでしたが、この遠隔授業のシステムは、対面授業にもどった現在においても、様々な場面で利用され続けていて、教育改革も進む様相です。

　こうした中、大学生に求められる ICT スキルとはどういうものでしょうか。大きく 2 つあります。ひとつめは、大学生としての文書作成能力です。これからみなさんが専門科目や卒業論文を履修するにあたって、その授業の研究成果をレポートや論文としてまとめる必要があります。文章力はもとより、図やグラフの作成までさまざまなスキルが求められます。そして図やグラフを作成するためには、アンケート調査などのデータ収集から基本統計量を算出する数学力も求められます。もう一つは、社会がみなさん大学生に求めている社会人基礎力です。社会人基礎力は、その時のトレンドにもよるので数行で書き連ねることはできませんが、一言で言えば、自ら学び・考え、それを実行する力であると言えるでしょう。

　今後も技術革新に伴い、新たなデバイスやサービスが登場し、新しい価値観が私たちの生活をさらに向上させてくれることでしょう。しかし、すべてが華々しい社会であるとは限りません。あらゆる

ところに私たちの個人需要方が共有されたり、当然インターネットには国境はありませんから、便利になることとの引き換えに、リスクも受けなければなりません。そうしたリスクとともに生活するためには一人ひとりがセキュリティにも理解がなければなりません。私たちが暮らしている社会のシステムを理解することと同じくらいこうした情報システム全般を知る必要があります。

　本書は、講義と演習の両アプローチから、社会を構成する様々なデータを情報処理することを通して、情報活用力を身につけることを目的としています。みなさんは、中学「技術」、高校「情報」、その他教科において情報活用について学んできたことでしょう。さらに、個人的にも動画投稿サイトなどを通して、相当の経験値があることでしょう。本書は、こうした状況を網羅しましたが、技術革新のスピードはそれ以上です。本書をきっかけにそういった事象を身につけられれば幸いです。ぜひこの演習を通して情報活用力の活用について楽しみましょう。

著者記す

Contents
Lecture and Lesson

 Chapter-1　情報のこころえ…………… 9

Chapter-2　ワープロのこころえ ……………… 79

Chapter-3　表計算のこころえ ⋯⋯⋯⋯⋯⋯⋯⋯⋯⋯ 101

Appendix　資　料 ································117

Chapter-1

情報のこころえ

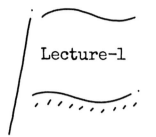

Lecture-1　情報とは何か

◉ 1-1　情報とは何か
///

情報とは

　日常よく使う言葉を改めて考えてみると、なんとなく漠然とした理解だけで使っているものが少なくないことに気付くでしょう。たとえば「情報」という言葉は、まさにこうした言葉の一つです。一般的に、なにげない「会話」、お互いにやり取りする「文章（手紙）」、あるいはメディアを通じての「画像や音声（映像）」などが情報と言われています。「情報」という言葉を国語辞書で引いてみると、「判断の材料や行動のきっかけとなるために必要な知識」または、「ある事柄についての知らせ」とあります。この「知識」がさまざまな形をとることが多いことから、情報とはいろいろな形となり得るのでしょう。

　たとえば、今みなさんが手元に持っているこの教科書について言えば、教科書を構成している紙に対して対価を支払っているわけではないでしょう。この教科書に掲載されている文章や画像などに意味があるのであって、紙そのものには、価値はありません。もちろん、一つ一つの文字や画像そのものに関連性がなく、ただの羅列であったならば意味がなく、この場合にも価値はありません。掲載されているものに意味があることで、はじめて「情報」としてなり得るのです。そしてその情報を掲載している本は、ただの紙ですが、「情報」を媒介する媒体としての位置付けになります。この媒体のことをメディアと呼びます。この「情報」を伝える媒体は本だけでなく、テレビやDVD、新聞、インターネットなどもメディアとなります。このように「情報」と呼ばれるものは非常に多くの形を持っており、いろいろなものを対象としていることがわかります。したがって「情報」とは、特に定まった形のあるものではないということです。

コミュニケーションとは

　ソクラテスは「大工と話すときは、大工の言葉を使え」と説き、コミュニケーションは受け手の言葉を使わなければ成立しないと説明しました。

　「情報」はさまざまな形をとるものですが、「情報」を発信する側が発信しただけでは情報とはなりません。この発信された情報を受信する受信者が受け取ることにより、情報共有したことになり、はじめて「情報」となります。そして、この「情報」は、皆に平等の価値があるわけでなく、発信する側の意図と受信する側の意図がそれぞれ違えば、価値もそれぞれ違ってきます。受信者がそれに価値を見いださなければ「情報」としての価値は低いものになってしまいます。つまり、発信者側は、受信者側がどういった価値を求めているのか、どのような状況（年齢や性別、職業、地域など）にあるのかを理解して発信していかなければ、また受信者がその価値に対して魅力を感じなければ、「情報」

にはなり得ないのです。

　このように「情報」は伝わってはじめて意味を持つものですが、伝わるだけでは一方通行でしかありません。確かに情報共有はしたことにはなるかもしれませんが、チンプンカンプンな授業を受けていることと同じになってしまいます。情報というものは、相手に伝わり、そしてお互いに理解しあい、共通の認識を持つことではじめて意味を持ちます。授業に例えれば、先生だけが理解していても意味はありません。受講している学生が先生の話を理解することではじめて、共通認識を持つにいたります。この一連のプロセスがコミュニケーションしたということになります。現代のコンピュータ／インターネット社会において、求められる「情報」とは何か、また、この「情報」を適切に処理し、どのように伝え、コミュニケーションするのか、そして、それらを取り扱うメディアをどう使いこなすのか、大学生としてリラシーを身に付けておかなければなりません。ここで、ビジネス・コミュニケーションとして有名なものにドラッガーの4原則があります。ここでは説明しませんが、ぜひ調べてみるといいでしょう。

コ ラ ム　　就活で求められる能力の1番は？

　日本経済団体連合会（経団連）の「2018年度 新卒採用に関するアンケート調査」によると、企業が選考で重視した点は「コミュニケーション能力」が16年連続で1位でした。大学生として求められるコミュニケーション力と企業が求めているコミュニケーション力には当然のことながら違いがあります。個々の企業が学生にどういったコミュニケーション能力を求めているか開示しているわけではありませんが、東洋経済の調査によると、多くの企業が「他者と関係を構築する能力」や「自分の考えをロジカルに説明する能力」を求めているとのことです。いわゆるコミュ力を鍛えるには、セミナーや啓発本など多岐にわたりますが、大学生として、ゼミや部活動、アルバイトなどさまざまな場面でコミュ力を鍛えることができます。ぜひさまざまなことにチャレンジしてください。とは言うものの、コミュ力だけで就活が成功するわけではなく、就職みらい研究所『就職白書2020』によると87.8%の企業が適性検査もしくは筆記試験を課していることも理解しておかなければなりません。ちなみに、経団連のアンケート調査の2位以下は、「主体性」「チャレンジ精神」「協調性」「誠実性」と続いています。

◉ 1-2 情報ネットワーク
/////////////////////////////////////

言葉のはじめは

　今、私たちはスマートフォンのない世界は考えられません。人それぞれあるとは思いますが、私たち人間は、一人で生きていくことはできません。なぜなら人間はコミュニケーションしなければ生きていけない動物だからです。お互いに協力しあって情報を共有し、社会を進化・発展させ、現在の生活を築いてきました。コミュニケーションと言うと、何も人間だけでなく、クジラや鳥などさまざまな動物でもコミュニケーションの形態を持つものが知られています。しかし、人間のコミュニケーションでは、言語や文字だけでなく、感情や表情、また理性など、さまざまな要素を組み合わせて発信者と受信者で情報のやりとりを制御してきました。人類がどのようにして言葉を獲得したかは諸説ありここでは省きますが、何かしらのコミュニケーションをするために言葉を獲得していったことであることは間違いないでしょう。私たちの祖先が群れを作り生活をしていくために、オスとメスの意思疎通であったり、食物のありかを伝達するためであったりしたことは想像に難くありません。

離れた人とのコミュニケーション

　コミュニケーションは、人と人とが面と向かって行う対面コミュニケーション（フェイス・トゥ・フェイス）が基本です。しかし私たちの生活がより豊かになり、より活発になるにしたがって、活動も広範囲になり、物理的に離れた人と直接コミュニケーションをとる必要に迫られてきました。声を大きくするだけでは届かない、より遠くの人とコミュニケーションを行うために、私たちの先祖は工夫を凝らしてきました。紀元前490年にはマラソンの起源ともなったマラトンの戦いでアテネ軍の勝利を伝令として伝えたものであったり、日本においても駅伝の起源である7世紀ごろの飛脚など、こうした人や馬を使って直接伝令とするものもコミュニケーションのためのネットワークの起源の一つです。また、スイスにおける牧童たちの牧草地間の仲間や谷にすむ家族と意思伝達するためのアルプホルンや、チンギス・ハーンで有名な狼煙（のろし）は、空間的に離れた人に直接合図を送るために使われてきました。

対面コミュニケーションからネットワーク型コミュニケーションへ

　1800年代になると、電気伝送通信が行われるようになり、モールス信号による電信システムが世界に広まっていきました。続いて、グラハム・ベルによって音声による通信ができる電話機が開発されました。その後も有線であった電気伝送通信に無線通信が行われるようになり、1900年代にはラジオ放送も開始されるまでになりました。日本におけるラジオ放送は、1925年に（社）東京放送局（今のNHK東京放送局）が始まりです。1928年には、アメリカでテレビジョン放送がはじまり、現代の通信形態の原型が整った時期であったと言えます。こうしてフェイス・トゥ・フェイスの対面コミュニケーションから空間的に離れ、時間的にもリアルタイムなコミュニケーションをとることができる手段を私たちは獲得してきました。これからは、みなさんも知っている通り、インターネットの登場により、私たちのコミュニケーションは、1対多数であったり、多数対多数などより複雑で、より機

能的で、より柔軟性のあるネットワーク型のコミュニケーションをとることができるようになってきました。

情報ネットワーク

　デジタル情報の行き交うネットワークがインターネットならば、私たち「人」の行き交う交通網もネットワークに見立てることができます。首都圏の電車網や、世界中の航空網は人という情報を運ぶネットワークであり、より機能的に進化し続けています。また、私たちの体の中を覗いてみると、身体中に張り巡らされた血管により血液を通してそれぞれの臓器がネットワークを構成していると解釈することもできます。2020年コロナ禍により濃厚接触者という言葉が注目されました。新型コロナウイルスの感染者に接触した濃厚接触者をたどっていき、感染経路にいる人の検査を義務付けたり、自粛措置が取られました。これは新型コロナウィルスが人から人へと人づてに感染経路があることに基づいています。このことは、インフルエンザワクチンを誰に優先的に接種すべきかという、すでに確立されている感染症対策の基本と同じ扱いです。人の行動（接触）をネットワークに見立て、ハブと呼ばれる多くの人と接触する医療従事者や鉄道事業者、教員などから優先的に接種すべきとするものです。たとえば、学校でインフルエンザが蔓延したとき、一人ひとりの子どもは自宅待機し、多くの人と接触する可能性のある教員にはワクチン摂取により、それ以上インフルエンザウィルスが拡散（伝搬）しない処置をするものです。これも学校を介在した人のネットワークと見立てると理解しやすいでしょう。

コミュニケーションとメディア

　コミュニケーションは、広辞苑によると社会生活を営む人間の間に行われる知覚・感情・思考の伝達と定義されていますが、人と人では情報が、交通網では人そのものが、体であれば情報伝達物質が伝えられるネットワークとしてみることができます。ネットワークというと、どうしてもステレオタイプにインターネットを思い起こしてしまいがちですが、情報というものは、決して紙に書かれた文字など単純な形態をとるものではなく、非常に複雑な形態をしているものです。そして私たちの生活がより豊かになり、また新しいメディアが登場するたびに変容していきます。しかし、情報をやり取りするためのメディアが必ず必要であることに変わりはなく、情報ネットワークとして一貫して解釈することができます。

◉ 1-3 情報リテラシー
///////////////////////////////////////

情報処理リテラシーとは

情報リテラシー（Information Literacy）とは、広辞苑によると、パソコンやメールなど、情報関係の機器やサービスを使いこなす能力のこと、情報の収集・分析・活用が社会生活上で必要な基礎的能力であるという考え方に基づく概念とあります。つまりこの高度に情報化された社会において、情報を使いこなすことにあります。そして情報を使いこなすということは、大きく２つに分けることができます。１つは、情報そのものを理解、分析し、その情報を受け取る相手に合わせて適切に処理、表現するための手続きを理解することです。もう１つは、その情報を取り扱う機器を使いこなすためのスキルを身に付けることです。

情報リテラシーは、よく料理や車の運転に例えられます。ここでは、料理に例えてみたいと思います。今ここに高級食材があるとします。これを誰かに振る舞うとした時、子供なのか、大人なのか、お年寄りなのか、それとも何か持病があって限られたものしか食べられないとか、好みがあるとか、その相手によって作る料理を何にするかを考えると思います。この食材を情報に置き換えた時、その情報をどういった相手に、どのように理解してもらうかにより、その処理の仕方、つまり調理法が変わってきます。このように情報を受け取る相手の状況により、その処理法が変わってきます。そして、料理をするためには、包丁や、鍋、フライパンなど調理器具の使い方、食器への盛り付け方などといった調理をするためのスキルが必要になります。情報を処理するためにも、コンピュータやそのアプリケーション、処理全体の手続きをスキルとして身に付けておかなければならないということになります。

ICT リテラシーとは

最近 ICT リテラシー（Information Communication Technology）が注目されています。ICT リテラシーは、メディアリテラシーとインターネットリテラシーに大別することができます。メディアリテラシーは、テレビや新聞、インターネットなどのメディアが発信する情報を受け手である私たちが、主体的に正しく判断・理解する能力のことを言います。情報を理解するということは、私たちがその情報の成り立ちや意味するところを理解するための土台として相当の知識を身に付けていなければなりません。ここのところ、フェイクニュースや、ポピュリズム、プロパガンダが飛び交っていると言われていますが、私たち一人ひとりがそういった情報に惑わされることなく、各メディアの特性に応じた情報を正しく理解することが欠かせません。そして、コンピュータだけでなく、スマートフォンやインターネットにアクセスすることができる機器、さらには今後新たに普及するであろう未来の機器を活用し、コミュニケーションするための能力も含まれています。

インターネットリテラシーは、スマートフォンに代表される情報通信機器を一人１台持つようになった今、スマートフォンやソーシャルメディアの安心で安全な利用が、個人の責任として求められるようになってきました。特にソーシャルメディアに関わる、セキュリティやプライバシー、不適切な情報の発信など、はじめてスマートフォンを利用する人でなくとも、さまざまな年代の人の問題に

もなっています。コロナ禍により企業の働き方改革と相まって、テレワークが推進されるようになり、ますますインターネットリテラシーが重要になっています。

これからのリテラシー

　このように社会がより便利になるということは、つまりさらなる情報化が進むと言い切っていいでしょう。私たちが、この来るべき新しい社会で生きていくためには、その都度、その時に求められるさまざまなリテラシーを身に付けなければなりません。これらさまざまなリテラシーは別々のものではなくそれぞれが大きく重なり合っているものと見なすとわかりやすいでしょう。

 友達の友達はみな友達だ。世界に広げよう友達の輪！

　1982年から2014年までお昼に放送されていた、『森田一義アワー 笑っていいとも！』のあまりにも有名なフレーズです。出演したゲストが友達に電話をして、翌日のゲストとして出演依頼し、友達の輪をつなげていくテレフォンショッキングというコーナーで使われました。この友達の輪は、世間は思ったよりも狭く、少数の人を介すだけでみんな知り合いであるというスモールワールドを具体化したものでした。こうした概念は、複雑ネットワークという学問として確立されています。

　1967年ミルグラムは、カンザス州ウィチトーとネブラスカ州オマハに住んでいる人から、まったく見ず知らずのマサチューセッツ州のシャロンに住む神学部大学院生の妻とボストンに住む株式仲買人に人づてに手紙を送るというスモールワードを実証する社会実験を行いました。この手紙を託す人は、誰でも良いわけではなく、目標の人物をよく知っていそうな人物でかつ、ファーストネームで呼び合うほどの仲でなければならない条件がありました。こうして遠く離れた2つの町に住む人たちをつなぐのに必要なリンク数に関して調査が行われ、平均して6人の知人の輪によって届けられました。その後この研究結果は、「六次の隔たり」として大変有名になりました。

　2011年Facebookは、690億人の友達関係から現代版のスモールワールド実験を行いました。その結果、平均して4.7人でつながっていることが明らかになり、「四次の隔たり」として衝撃的な結果として報道されました。さらに、調査範囲を単一の国内に限ると「三次の隔たり」とさらに身近につながっていることも明らかになっています。このことは、実生活ではなかなか遠い存在であっても、SNSではフォローによって多くの人と身近になることができることからも納得ですね。

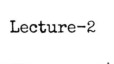

Lecture-2　コンピュータの歴史と仕組み

◉ 2-1　コンピュータの歴史

みんなも知っているそろばん

　人は、いろいろな「道具」を発明することによって文明を発展させてきました。中でも計算するための道具としての「そろばん」の歴史はたいへん古く、紀元前 3000 年ごろのメソポタミア地方の砂そろばんがはじまりと言われています。その後、ローマ時代には溝そろばんに進化し、それがシルクロードを通って中国に伝わったと言われています。日本には、室町時代に伝来しました。

計算機の開発のはじまり

　1643 年にフランスの哲学者ブレーズ・パスカルが機械式加減算機「パスカリーヌ」を試作しました。1671 年、ドイツの哲学者・数学者ゴットフリート・ヴィルヘルム・ライプニッツは、「パスカリーヌ」を応用した加減乗除ができる計算機を発明しました。この 2 人の成果は後継機の開発に受け継がれ、産業革命を迎えた 1870 年にフランスで保険会社を経営していたシャルル・トマが「アリスモメータ」を商用開発しました。その後もトマの「アリスモメーター」は改良が続けられ、後のコンピュータ開発に受け継がれました。また、時を同じくしてイギリスの数学者チャールズ・バベッジは、解析機関を 1871 年の晩年まで設計し続けました。解析機関は、現代のコンピュータの原型とも言える機械式汎用コンピュータで、演算・制御・記憶装置を持ち、プログラムの概念も含まれたものでしたが、残念ながら完成には至りませんでした。

コンピュータ開発のはじまり

　20 世紀に入り、アメリカの物理学者ハワード・エイケンは、アメリカ海軍および IBM 社と 1944 年に Harvard Mark I を開発しました。Mark I は、リレースイッチを用いた電気機械式計算機でした。その後 Mark I の後継機として、Mark II（1948 年）、真空管やダイオードを用いた Mark III（1949 年）、半導体部品だけで作られた Mark IV（1952 年）が開発されました。

　電子式コンピュータが本格的に開発されたのは、ペンシルベニア大学のジョン・プレスパー・エッカートとジョン・モークリーが 1946 年に開発した ENIAC でした。ENIAC は、その大きさがおよそ幅 24m、高さ 2.5m、奥行き 1m（重さ 30 トン）で、1 万 8000 本の真空管と 1500 個のリレー、7200 個のダイオードやその他多くの電子部品から構成され、消費電力は 150kW でした。また、この ENIAC の開発に参加していたロスアラモス国立研究所の数学者ジョン・フォン・ノイマンは、コンピュータにプログラムを記憶させる方式を導入し、近代コンピュータの概念を確立しました。その後ノイマンが開発したコンピュータの概念は、ノイマン型コンピュータとして世界中のコンピュータ

の開発に影響を与えました。この頃のコンピュータは、まだまだ手間のかかる作業を伴うものでしたが、いずれにしてもこれがコンピュータ時代の幕開けとなるもので間違いないでしょう。

コンピュータ開発のながれ

　以上のようにコンピュータの歴史を黎明期（機械式から電気機械式、真空管式〜 1945 年）、第 1 世代（真空管式から電子式 1946 年〜 1957 年）、第 2 世代（集積回路 1958 年〜 1963 年）、第 3 世代（1964 年〜 1969 年）、第 4 世代（1970 年〜 1979 年）そして現在に区分することができます。特に第 4 世代以降コンピュータの部品として使われる半導体がより集積化（小型化）され、性能面でも、ますます進化し続けています。また、あわせてソフトウェアの開発も高度化してきたことも見逃せません。

第 4 世代以降の主な動き

1970 年	IBM 社「IBM-370」を発売
1976 年	Apple 社「Apple Ⅰ」を発売
1979 年	NEC 社「PC-8001」を発売
1979 年	日本電信電話公社　世界初、自動車電話の発売
1981 年	IBM 社「IBM-PC」を発売
1982 年	NEC 社「PC-9801」を発売
1984 年	Apple 社「Macintosh」を発売
1993 年	NTT ドコモ社　第二世代携帯電話を発売
1995 年	Microsoft 社「Windows95」を発売
1998 年	Google 社の設立
2002 年	BlackBerry 社「BlackBerry」を発売
2007 年	Apple 社「iPhone」の発売

◎ 2-2　コンピュータの仕組み

///////////////////////////////////

20世紀中頃に発明されたコンピュータは、人間の知的活動を補佐する目的で作られました。人間は、「情報（データ）を脳にインプットし、これを脳が処理し、その結果を情報（データ）としてアウトプットする」という「情報処理」を行うことにより文明を作って進化をしてきましたし、このことが知的活動の本質であります。コンピュータとは、このような活動ができるものとして登場し、産業革命以来の情報革命と呼ばれるようになりました。

コンピュータの種類

現在のコンピュータは、パーソナルコンピュータと呼ばれるデスクトップタイプとノートパソコンタイプが主流ですが、スーパーコンピュータやワークステーションなどのコンピュータもすべてフォン・ノイマン方式にしたがって動作しています。また、スマートフォンやタブレット、ゲーム機なども一緒です。

コンピュータの仕組み

コンピュータの大まかな仕組みは、中央演算処理装置（CPU: Central Processing Unit）と主記憶装置（Main Memory Unit）、それから入力装置、出力装置といった周辺装置から成っています。周辺装置については、**2-3「コンピュータの周辺装置」**で説明します。

中央演算処理装置は、コンピュータの中枢部で、制御装置と演算装置の2つから成っています。主記憶装置は、一般的にメモリと呼ばれています。補助記憶装置（外部記憶装置）は、ハードディスクやSSD、スマートフォンのストレージにあたります。

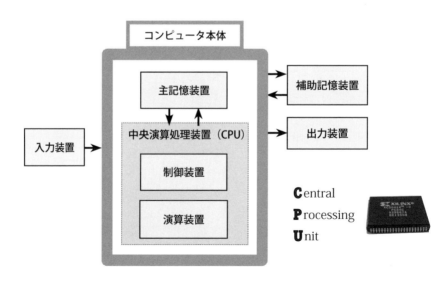

コンピュータ本体の仕組み

中央演算処理装置

　中央演算処理装置の代表的なものは、スマートフォンでは、iPhone に搭載されている Apple A14 や Galaxy の Qualcomm Snapdragon865、パーソナルコンピュータでは Intel core i9 あたりになるでしょう。これらの性能を表すのにコア・スレッド数、動作周波数と呼ばれる数値があります。コア・スレッド数とは同時に処理できる数を、動作周波数は 1 秒間に何回処理ができるかを表しています。コンピュータは非常に複雑な構造になっていますので、単純ではないですが、概ねこれらの数字が大きいほど処理能力が高いといえます。

コンピュータの動作原理

　データの流れをみてみると、入力装置から入力されたデータは、コンピュータ本体内にある主記憶装置に一時的に格納／記憶されます。主記憶装置には、データの他にプログラム（いわゆるアプリ）も格納されていて、いつでも処理できるよう準備しています。制御装置は、プログラムに従い、主記憶装置からデータを取り出し、必要な指示を行います。ここで演算が必要であれば、演算装置にデータを送り、処理されたデータは、主記憶装置に保存されます。さらに膨大な量のデータや長期間保存するために補助記憶装置に保存されます。なお、主記憶装置は電源を切るとデータは消えます。これらの流れは、よく人間の脳に例えられます。海馬（主記憶装置）に一時的に記憶された情報を前頭葉（中央演算処理装置）にて物事の判断や処理をします。海馬に記憶できない情報は、大脳皮質（外部記憶装置）にて長期記憶されます。周辺装置は、五感を司る目や耳、鼻、舌、皮膚にあたります。

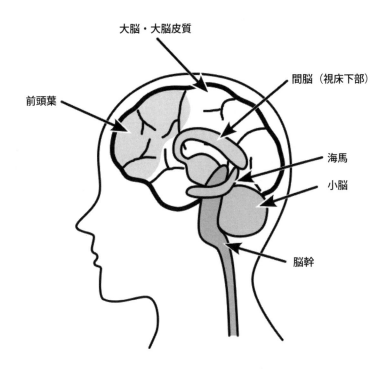

◎ 2-3　コンピュータの周辺装置
//

　入力装置や補助記憶装置、出力装置のことを周辺装置（Peripheral Equipment）と呼びます。代表的な入力装置は、マウスやキーボードですが、最近では画面を直接タップしたり、音声認識で入力することもできるようになっていて、ますます多様化しています。出力装置は、モニタ（画面）やプリンタです。インターネットで共有できる世の中では、インターネットも出力装置として見なすことができるでしょう。こうした物理的な装置全般のことをハードウェアと総称します。さまざまな周辺装置についてみていきましょう。

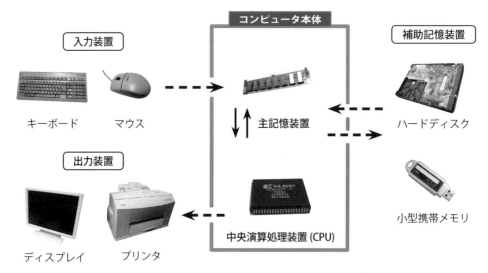

コンピュータ本体と外部との命令実行手順

入力装置

　入力装置（input device）は、主記憶装置に対してデータや命令を与えるための装置です。代表例としては、キーボードやマウスがあります。その他にも、印刷物や手書き文字を読み取る光学的文字認識装置（OCR）、イメージスキャナ、ペンタブレット、バーコードリーダーなども入力装置になります。最近では、QRコード®や音声入力も使われるようになってきました。QRコードは、主にスマートフォンのカメラで読み込むことにより、インターネットのアドレスの入力を省いたり、電子決済でも多く使われています。音声入力装置は、スマートスピーカーやスマートフォンなどのバーチャルアシスタントで使われています。

出力装置

　出力装置（output device）は、ディスプレイ（モニタ）が代表的です。その他プリンタや補助記憶装置も代表的な出力装置になります。スマートフォンであれ、パーソナルコンピュータであれ、ディスプレイを通してコンピュータの処理結果をまずはじめに私たちは認識します。ディスプレイには、CRT 方式、液晶方式、有機 EL 方式などいくつかの方式があります。以前は CRT 方式があたりまえでしたが、大きく、重く、さらに消費電力も大きいことからテレビの液晶化とともにコンピュータのディスプレイも液晶モニタが主流になっています。最近ではスマートフォンを中心により消費電力が少なく、より高精細な有機 EL 方式が多くなってきました。プリンタは、電源を切ると記録の残らないディスプレイに対して、紙に記録を残すための印刷装置です。主な方式としては、インクジェット方式とレーザー方式があります。インクジェット方式は、インクをノズルから噴射させ印字する方式で、インクの滲みが生じるなどのデメリットもありますが、インクの種類の多さから写真画質の印刷ができるなど使い勝手の良さが特徴です。比較的価格が安いのも特徴です。レーザー方式は、最近は小型のものも多く販売されるようになってきましたが、大型で重いことがデメリットです。レーザー方式は、印字が綺麗で、かつ印刷が速いことが特徴で、大量に印刷することに優れています。また、帳票などのカーボン紙や感圧紙に印刷するインパクトプリンタも、なかなか私たちが目にする機会は少ないですが、今も業務では使われています。主記憶装置は、電源を切ると記憶内容が消失してしまいます。それを補うためにデータやプログラムを保存しておくための記憶装置が必要になります。それが補助記憶装置です。補助記憶装置は、外部記憶装置とも呼ばれ、主にハードディスク（磁気ディスク）が使われています。それ以外にも DVD などの光ディスク、USB フラッシュドライブもあります。最近では、ハードディスクに比べて、読み書き速度が非常に速く、かつ小さく静かで、消費電力も少ない SSD（Solid State Drive）がノートパソコンを中心に使われるようになってきました。同じ CPU のコンピュータでも SSD を使用することでパフォーマンスの向上が期待できます。それ以外にもプレゼンテーションで多く使われるプロジェクターやデジタルサイネージ、SNS による共有なども出力装置として外すことはできないでしょう。

◎ 2-4　ソフトウェアの仕組み

/ /

スマートフォンを使っていると、「このアプリいいよ」であったり「OS のアップデートがあるよ」と口にしたことはたくさんあることでしょう。このアプリや OS は、ソフトウェアと呼ばれるものです。もともとソフトウェアという言葉は、コンピュータ本体を有効利用して仕事を順調に進行させるための技術を総称したもので、ハードウェアに対してソフトウェアと呼ばれています。

オペレーティングシステム

ソフトウェアは大きく 2 つに分類できます。1 つは、オペレーティングシステム（OS: Operation System）で、もう 1 つは、アプリケーションソフトウェア（Application Software）と呼ばれています。オペレーティングシステムは、メーカーが提供することが一般的で、すべてのソフトウェアの基礎となる基本ソフトウェアとも呼ばれています。コンピュータ用 OS の代表的なものとして Microsoft Windows や、Apple OSX があります。スマートフォン用では、Apple iOS や Google Android があります。オペレーティングシステムの役割は、コンピュータの個々の違いを統一して制御するためにあります。たとえば、アプリケーションを開発する側の立場から見ると、コンピュータのメーカーの違いやスペックの違いにより、その数だけアプリケーションを開発しなければならなくなります。また、アプリケーションを利用する私たちの立場から見ると、コンピュータの違いによって、操作方法やインターフェイスが違うと大変不便です。こうしたハードウェア個々の違いを吸収し、アプリケーションソフトウェアに統一した開発環境や操作性などのインターフェイスを提供するものがオペレーティングシステムとなります。

アプリケーションソフトウェア

アプリケーションソフトウェアは、ある業務や業種に限定された分野の処理を専用にサポートし、複数のユーザに共通して使われるソフトウェアの総称です。コンピュータの黎明期、誰もが使えるようなものでなかった時代、科学技術計算が主な目的であった時代には、その都度専用のアプリケーションソフトウェアを開発しなければなりませんでした。Windows95（1995 年）の発売とともに、誰もがコンピュータを使えるようになると、Microsoft Office などさまざまな用途のアプリケーションソフトウェアが続々とパッケージ販売されるようになりました。このアプリケーションソフトウェアの登場により個人がプログラムを開発する手間から解放され、個人利用のコンピュータの普及に拍車が掛かりました。

あらゆるものにソフトウェア

パソコンもスマートフォンもハードウェアとソフトウェアから成っていて、さらに入力装置としてキーボード、出力装置としてのディスプレイとしてみると同じ仕組みになっていることがわかります。他にも身の回りにあるもので同じような形態になっているものとして、ATM やカーナビ、券売機も同じといえます。また、こうした形をとるものばかりでなく、電子レンジや扇風機、自動車もソフト

ウェアによって制御されています。つまりディスプレイこそ無いけれどもコンピュータの形をとっているといえます。最近では IoT（Internet of Things）が提唱され、あらゆるものがインターネットに接続されるようになります。それに伴い私たちの身の回りのあらゆるものに、ソフトウェアが搭載されるようになるでしょう。

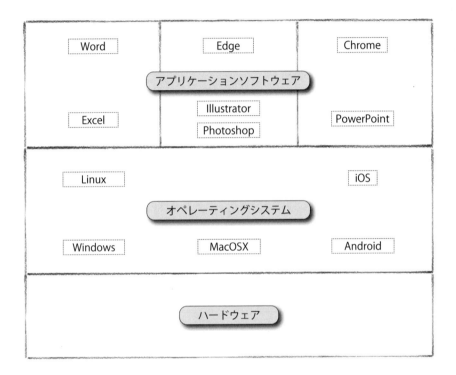

◎ 2-5　デジタルカメラの仕組み

//

　スマートフォンを利用する目的の一つに、写真共有 SNS の利用があるのではないでしょうか。スマートフォンの優れたカメラ機能により、スマホ写真を趣味にしている人も多いのではないでしょうか。より良い写真を撮影するためには、その仕組みと原理を知っておくといいでしょう。カメラの仕組みは私たちの眼と同じです。

　はじめにカメラの仕組みについて説明します。

カメラの仕組み

　レンズにより、望遠であったり広角であったり違いはありますが、レンズの違いにより被写体の映り込む範囲が変わってきます。レンズによって映り込まれた被写体がセンサーに像として投影されます。センサーに投影された像は電気信号に変えられ、その後この電気信号はデジタルデータに変換されます。これが私たちが画像として取り扱っているものです。カメラの機能として重要なものに絞りがあります。絞りは明るさを変えたり、被写体のボケである被写界深度を変えたりすることができます。しかし、多くのスマートフォンのカメラは固定されていますので、アプリでボケ具合を調整し疑似的に絞りを変更することもできます。この絞りは F 値と呼ばれていて、数値が小さいほど明るくボケが大きく、数値が大きいほど暗くボケが少なくなります。

カメラの仕組み

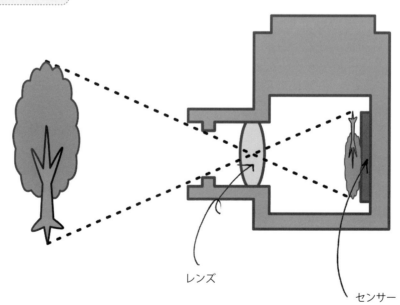

レンズ

センサー

眼の仕組み

　カメラは、私たちの眼と同じ仕組みになっています。カメラのレンズに相当するものが、角膜、水晶体です。毛様体と呼ばれる筋肉を使って水晶体を収縮させることで、ピント調整をします。硝子体を通過した像は、カメラのセンサーに相当する網膜に投影され、電気信号に変換されます。この電気信号は、視神経を経由して、脳に送られ認識されます。私たちは脳で認識することで「見る」ということになります。生まれたばかりの赤ちゃんは、まだ学習していませんので、視力が 0.01 ～ 0.02 くらいと言われています。徐々に動くものを認識したり、触ったり、さまざまな経験を通して学習することで、人間は視力を得ていきます。3 歳で 0.8 ～ 1.0 くらいまで発達すると言われています。また、虹彩や瞼はカメラの絞りに相当します。

眼の仕組み

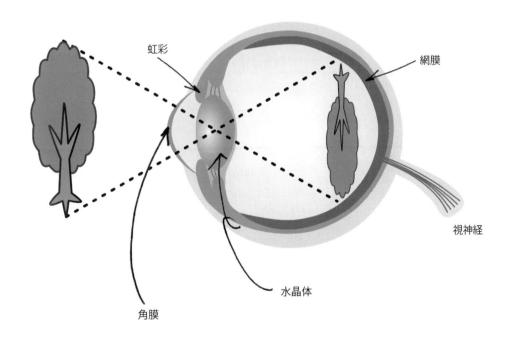

Lecture-3　インターネットの歴史と仕組み

◎ 3-1　インターネットの歴史
///

　私たちの生活に欠かすことのできなくなったインターネット、その変遷は、コンピュータの歴史に呼応して、やはり軍事利用の目的が始まりです。そして、その後の学術利用、商用利用により一気に開発が進んできました。

インターネットの歴史

　1958 年米国防総省に最先端科学技術を軍事利用に転用するための研究を目的に高等研究計画局（ARPA: Advanced Research Project Agency）が設立されました。当時、アメリカとソ連（旧ソビエト連邦）は、冷戦中であり、核ミサイルを含めた軍拡競争の真っ只中にありました。1969 年 ARPA は、核攻撃を受けてもシステム全体が停止しない可用性の高いネットワーク ARPANET を構築しました。ARPANET は、4 つの大学（カリフォルニア大学ロサンゼルス校、カルフォルニア大学サンタバーバラ校、ユタ大学、スタンフォード研究所）を拠点に、網の目のようにネットワーク機器を接続する分散型のネットワークで、これがインターネットの始まりと言われています。APRANET を利用できない大学に向けては、1981 年全米科学財団（NFS: National Science Foundation）の資金提供により、CSNET（Computer Science Network）が構成されました。1983 年、ARPANET は、軍事技術の MILNET が分離し、学術研究の ARPANET はそのまま存続しました。また同時に、TCP/IP プロトコルや IPv4 アドレスが使われるようになり、現在のインターネットと同じ仕組みになりました。CSNET は、1986 年より広く自由に使える学術ネットワークとして NSFNET（National Science Foundation Network）に再構築され、全米の基幹ネットワークとして利用されるようになりました。CSFNET は、ARPANET にとって変わり、ARPANET は、その後 1990 年に運用が終了されました。

　日本においては、1984 年実験的に東京大学、東京工業大学、慶應義塾大学を結ぶネットワークとして JUNET（Japan University NETwork）が開始されました。JUNET は、その後 1986 年海外ネットワークの CSNET と接続されました。学術目的に限ってはいましたがこうして日本においてもインターネットを利用することができるようになりました。また当時利用できるサービスは、telnet や ftp、Usenet など現代のアプリからしたら到底想像し得ないようなものでした。

　1991 年欧州原子核研究機構（CERN）により HTML（Hyper Text Markup Language）による世界初の Web サイトが誕生しました。そして 1993 年 NCSA（National Center for Super-Comuputing Applications）により Web ブラウザの Mosaic が登場し、これにより、HTML とと

もに画像を同時に表示できるようになりました。まだまだ通信速度や HTML の機能により画像を表示することがやっとではありましたが、現代のインターネット環境にまた一歩近づくことになりました。日本では、1992 年旧文部省高エネルギー物理学研究所計算科学センター（KEK）での Web サイトが初めてとなります。

　これまで学術利用に限られていたインターネットでしたが、1989 年には世界初の商用インターネット接続サービスが開始され、遅れること 4 年、1993 年日本においてもインターネット接続サービスが開始されました。そして 1995 年に、Microsoft Windows95 の発売とインターネットの接続料金の低価格化によって爆発的にインターネットの普及が進み、インターネット時代の幕開けとなりました。

インターネットの歴史

年	海外	国内
1958	ARPA の発足	
1969	UNIX OS の開発	
	ARPANET の開始	
1972	ARPANET の NATO 域への拡大	
1973	TCP/IP についての文書公開	東北大学とハワイ大学のコンピュータが接続される
1974	Telenet のサービス開始	N-1 ネットワークの稼働
1976	Diffie-Hellman 鍵交換理論が考案される	
1979	UUCPNET の誕生	
1980	Usenet の開発	
	イーサネット規格の公開	
1981	CSNET の運用開始	N- 1 ネットワークの正式運用開始
	BITNET の運用開始	
1982	EUnet の運用開始（ヨーロッパ）	
	SMTP が標準化される	
1983	ARPANET から軍事部門（MILNET）を分離	
1984		HEPNET-J の運用開始
		JUNET の運用開始
1985	初のコンピュータウイルス誕生	JUNET と Usenet が接続される
		BITNETJP の運用開始
1986	CSNET を NSFNET として再構築	JUNET と CSNET が接続される
1987		学術情報ネットワークの運用開始
		CSNET サービスの運用開始
1988		JAIN の開始
		WIDE プロジェクトの発足
		NTT が世界初の商用 ISDN サービスの開始
1989	世界初の商用 ISP 誕生	TISN の開始
	HTML の概念が提案される	日本初の国産ウイルス出現
1990	ARPANET の終了	
1991	暗号化ソフトウェアの公開	WIDE と BITNET が接続される
	世界初の Web サイト誕生	
1992		WIDE と PC-VAN、NIFTY-Serve が相互接続実験の開始
		日本初の Web サイト (KEK) 誕生
		JUNET 協会の設立
		AT&T Jens が商用 ISP サービスの開始
		IIJ の設立
		東京地域アカデミックネットワークの正式運用開始
1993	Mosaic の公開	郵政省がインターネットの商用利用の許可
	InterNIC プロジェクト開始	IIJ がインターネット接続サービスの開始

◉ 3-2　通信の仕組み

//////////////////////////////////////

スマートフォンの利用

　情報通信白書（令和2年版総務省）によると、スマートフォンや携帯電話などのモバイル端末の保有率は8割を超えました。そのほとんどがスマートフォンであることはみなさんも納得のことでしょう。スマートフォンは、その性能の向上もさることながら、アプリの充実により、ますます私たちの生活に欠かせないものとなってきています。対して、固定電話は年々保有率が減少しています。このことは、スマートフォンの通信料が安くなってきたことに加え、私たちの生活スタイルが変化していたことも一因でしょう。利用動向調査からもスマートフォンの登場により、電話というよりもインターネットに接続して、「ソーシャルメディアを見る・書く」「動画投稿・共有サイトを見る」「オンラインゲーム・ソーシャルゲームをする」ということがほとんどを占めています。このように一人に1台の情報端末が当たり前になったからこそ、セキュリティの面からもその通信の仕組みを理解することは重要です。

【令和2年度】［平日］インターネットの利用項目別の平均利用時間

単位:分	全年代 (N=3,000)	10代 (N=284)	20代 (N=426)	30代 (N=500)	40代 (N=652)	50代 (N=574)	60代 (N=564)
メールを読む・書く	40.8	18.4	39.6	39.7	44.8	45.4	44.5
ブログやウェブサイトを見る・書く	24.6	11.7	29.8	31.7	27.9	25.8	15.9
ソーシャルメディアを見る・書く	37.9	72.3	84.6	40.9	27.5	20.1	12.9
動画投稿・共有サービスを見る	38.7	90.2	73.8	35.0	26.7	22.1	20.3
VODを見る	11.3	17.1	18.1	13.5	13.3	5.9	4.4
オンラインゲーム・ソーシャルゲームをする	18.0	37.2	32.0	18.5	18.5	9.2	5.7
ネット通話を使う	3.8	8.8	7.9	2.9	2.1	1.3	3.5

（出典）総務省情報通信政策研究所「令和2年度情報通信メディアの利用時間と情報行動に関する調査報告書」

通信の仕組み

　まずは、固定電話の通信の仕組みから見ていきましょう。各家庭の固定電話は、引き込み線を通して電信柱と接続しています。この電信柱を伝って各電話局に接続されます。この電話局に市外局番（たとえば03や042）が充てられています。電話局同士は、地中ケーブルなどの高速・大容量の通信ケーブルを用いて日本中に張り巡らされています。ここでAさんからBさんに電話をかけるとすると、Aさんが相手の電話番号をダイヤルすると、最寄りの電話局の交換機が自動で経路を導き出し、Bさんの市外局番の電話局と接続されます。そしてBさんの市外局番の電話局からBさんの電話が呼び出されます。

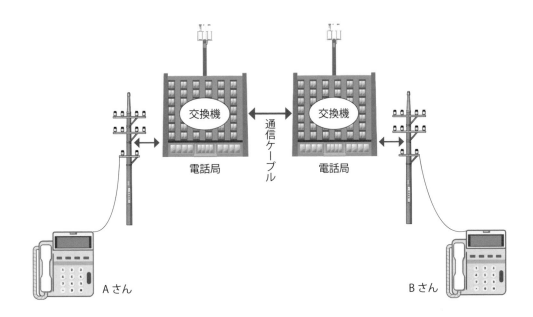

　次にスマートフォンの通話機能の仕組みを見てみましょう。スマートフォンでは、最寄りの無線基地局に無線通信で接続したら、電話局を経由してBさんの最寄りの基地局からBさんのスマートフォンが呼び出されます。固定電話の通信と同じように基地局同士、基地局・無線基地局間は主に通信ケーブルで接続されます。

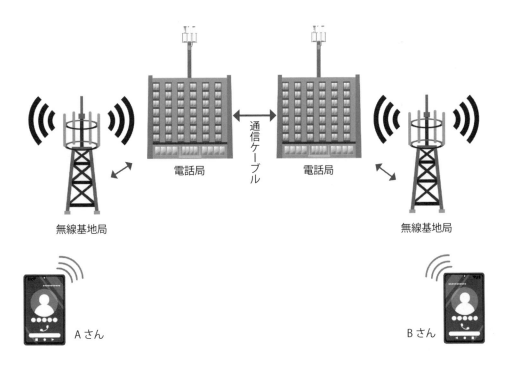

　インターネットに接続する場合は、引き込み線からルーターを経由してインターネットのパケット通信と分けてコンピュータに接続します。ここでコンピュータに直接接続せず、Wifi ルーターを接続することで家庭内でも Wifi 環境を構築することができます。

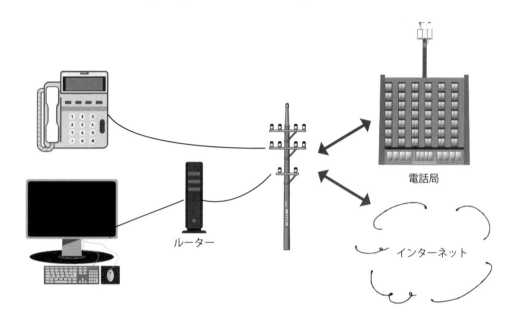

　スマートフォンでインターネットに接続する場合は、無線基地局を通して電話局に接続するまでは同じです。通話と違い電話局からインターネットに接続します。ここでスマートフォンと無線基地局を無線接続する際、4G（第 4 世代移動通信システム）や 5G（第 5 世代移動通信システム）があります。

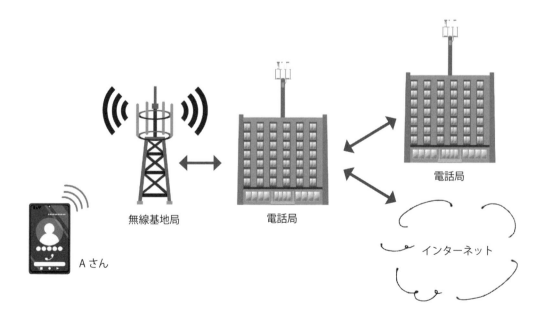

🎯 3-3　インターネットの仕組み
///////////////////////////////////

インターネット

インターネットは、世界中のコンピュータが接続されているネットワークです。学校や会社などの小規模ネットワークも、みなさんの家庭のコンピュータも、スマートフォンもこの巨大なインターネットに接続されています。この世界中のコンピュータや情報デバイスに接続されているインターネットは、それはつまり危険とも隣り合わせであることを理解しておく必要があります。このことについては、**7-1「情報セキュリティ」**にて説明します。ここでは、インターネット上のサービスとしてメールやウェブその他を使用するのに必要な知識を理解します。

インターネットも、携帯電話網も固定電話網も物理的なネットワークとしては同じです。固定電話網もインターネットも物理的なケーブルで接続されています。携帯電話網とインターネット WiFi は、無線により接続されているネットワークです。携帯電話も固定電話も、それぞれの端末を識別するための電話番号が設定されています。この電話番号を使って音声通話サービスを利用することができます。

インターネットのアドレス

インターネットに接続するためには、インターネットに接続する情報端末すべてに IP アドレス（Internet Protocol Address）が割り振られます。世界中のコンピュータや情報端末がインターネットに接続されることで、IP アドレスの枯渇が問題となり、グローバル IP アドレス、プライベート IP アドレス、さらに動的 IP アドレス、静的 IP アドレスと複雑な仕組みになっていますが、ここでは割愛します。携帯電話番号がドコモや KDDI、ソフトバンクから割り当てられるのと同様に、インターネットに接続するためには、インターネットサービスプロバイダー（ISP: Internet Service Provider）と呼ばれるプロバイダと契約することで、IP アドレスを割り振られます。スマートフォンでインターネットにアクセスする場合は、このドコモや KDDI などのキャリアが ISP で、一般家庭ならば、フレッツなどがそれにあたります。

それぞれ固有の IP アドレスによりインターネットに接続します。インターネットに接続したら、ウェブであったり、その他 SNS などを利用することが多いのではないでしょうか。ここでは、ウェブにアクセスするための URI（Uniform Resource Identifier）とメールアドレスについて解説します。

ウェブにアクセスするためには、そのウェブのアドレスである URI をウェブブラウザ（グーグル Chrome やマイクロソフト Edge など）に入力しなければなりません。このアドレスは覚える必要はありませんが、読み解けるようにしておかなければなりません。最近多いフィッシング詐欺は、似たようなアドレスで偽のサイトに引き込むことで個人情報を盗んだり、詐欺サイトに誘導します。たとえば、https://www.komajo.ac.jp/uni/ や https://www.kantei.go.jp が URI です。

https（Hypertext Transfer Protocol Secure）は、プロトコルと呼ばれ、ウェブを利用するためのプロトコルハンドラです。「://」に続いて、www（World Wide Web）は、ウェブサーバーと

呼ばれるコンピュータです。「komajo.ac.jp」や「kantei.go.jp」は、ドメインと呼ばれています。jp は、トップレベルドメインと呼ばれ、国名を表しています。ac や go は、セカンドレベルドメインと呼ばれ、組織属性を表しています。

　メールの場合は、who@komajo.ac.jp や、who@bunka-wu.ac.jp がメールアドレスと呼ばれます。メールのユーザー ID である who を @ とドメイン名を続けて記述したものです。

ドメイン	
.co.jp	株式会社、有限会社などの商用会社
.or.jp	社団法人、医療法人、宗教法人、特定非営利活動法人など
.ac.jp	学校法人・大学・短期大学・職業訓練校・職業訓練法人など
.ed.jp	保育所・幼稚園・小学校・中学校・高等学校など
.go.jp	独立行政法人、特殊法人、政府機関（組織機構図に含まれる機関）
.com	主に商業事業体（世界の誰もが登録できる）
.net	主にインターネット関連団体（世界の誰もが登録できる）

Memo

◉ 3-4　電子マネーの種類と仕組み
//

　電子マネーとは——通貨の価値を電子的に記録し、専用のカードや通信機能を持つデバイス（スマホなど）で商品の購入を行えるようにしたものです。大きくわけると２種類あり、「先払い式（プリペイド方式）」と「後払い式（ポストペイ方式）」があります。

- **先払い方式**：事前に同額の通貨を支払い、各デバイスにチャージ（入金）してから使用
　　　例）「suica」、「pasmo」、「nanaco」、「楽天 Edy」、「PayPay」など
- **後払い方式**：あらかじめ登録しておいたクレジットカードに商品代金があとで請求があり、実質クレジットカードと同様に使用できるもの
　　　例）「iD」、「QUICPay」など

　いずれにしても、現金の代わりとしての役割があり、共通する利点として電子的に１円単位で取引できることから、お釣りが生じず、小銭や紙幣をいくつも持ち歩く必要がなくなりコンパクトになります。また、使用者本人でなければ使えないものもあるため、現金より安全性が向上します。一方で、各電子マネーの加盟店でなければ使用できないことや、店側としても、電子マネーを利用すると手数料を取られるため、本来の売上金額より少なくなるというデメリットがあります。

電子マネーの仕組み

・先払い方式の場合

　まず、利用者は使用したい電子マネーの管理会社が発行するカードやアプリなどを手にいれる必要があります。次に、電子マネーごとに通貨で一定金額（日本では 1000 円単位が多い）をチャージ（入金）します。利用者は使用したい電子マネーの加盟店にて、購入時に電子マネーを提示すると、チャージ金額から利用金額が引かれ商品を購入することができます。メリットとして、ほぼ現金と同じ感覚で利用することができ、利用した金額や残高がわかりやすいところにあります。また、紛失や盗難にあった際でもチャージ分以上の被害は生じません。デメリットとしては、チャージが煩わしいという面や、必要な金額が入金されておらず購入できないことがあります。

・後払い方式の場合

　利用者はあらかじめ使用したい電子マネーに対して、所持しているクレジットカードを登録します。これにより、クレジットカードのように「提示」、「サイン」、「暗証番号入力」などをしなくても、商品を購入することができます。クレジットカードを登録しているため、利用者は後日、クレジットカード会社から利用料を請求されます。メリットとして、クレジットカードと同じく、購入時には資金が必要なく、分割払いでも購入可能であり、チャージも必要ありません。デメリットとしては、クレジットカードと紐づけされているため、個人情報の流出や盗難時に高額な被害が出やすいことがあります。

　プリペイドカードとクレジットカード——プリペイドカードとは、図書カードや商品券のように、

あらかじめ決められた金額もしくは事前にチャージした金額分の買い物ができるカードのことです。デビッドカード（銀行や郵便貯金、クレジットカード会社などが発行）もこれにあたり、代金の支払いは即時に行われます。汎用的に使えるものから、図書、ゲームなどに特化したものまでさまざまな種類があります。電子マネーが「通貨を電子的におきかえたもの」であるのに対し、プリペイドカードは「電子マネーの機能をつかうためのモノ（機器）」です。

クレジットカードとは──クレジット（信用）の名前の通り、カード発行会社と顧客との間で信用契約が結ばれ、一時的に利用者の支払いをクレジットカード会社が立て替えるシステムです。これにより使用者は現金の持ち合わせがなくても、商品を購入することができます。また、クレジットカード会社のサービスで手数料や割増になるが、分割払いで支払うこともできます。国際カードブランドとして「VISA」、「MasterCard」、「JCB」などがあり、これらの加盟店であれば、世界中どこでも使用できます。ただし、信用が必要なためカード発行には、基本的に各会社からの審査を受ける必要があります。通貨をチャージすることがないため、各国の通貨に瞬時に対応可能であり、カード自体には通貨の機能が無い点が電子マネーと異なる点です。

Memo

通貨とはなにか？

　暗号資産（旧：仮想通貨）は、旧名称で「通貨」という単語がついていましたが、厳密には各国の法廷通貨として認められているものではないため、「資産」と改名されました。電子的な世界だけで通用する財産的な価値を持つデータのことであり、「資金決済に関する法律（平成 21 年法律第 59 号）」において

（1）不特定の者に対して、代金の支払い等に使用でき、かつ、法廷通貨（日本円や米ドルなど）と相互に交換できる

（2）電子的に記録され、移転できる

（3）法廷通貨または法定通貨建ての資産（プリペイドカードなど）ではない

と定められています。

　「法廷通貨でない」ということは、資産価値を保証するものがないということです。このため、暗号資産 1 単位あたりの価値は株のように常時変動します。暗号資産は安全性確保のため、膨大な量のデータを処理する必要があり、この作業を外部のコンピュータで手助けすると暗号資産を少量配布されるシステムもあります。これらを鉱山で鉱物を採取することに見立てて「マイニング」と呼ばれています。

例）「ビットコイン」、「イーサリアム」など

Lecture-4　コンピュータの動作原理

◎4-1　デジタルと進数

//

　進数とは——数の表現方法にはさまざまな種類があります。アラビア数字は 0 ～ 9 までの 10 種類の記号を用いていますし、ローマ数字では I、V、X、C などを用いて数を表現します。進数はこのような数の表記方法の一つであり、「N 進位取り記数法（N 進法）」と呼ばれる N 個の数字で表現したときの N のことでもあります。つまり、10 進数（10 進法）は数字 10 個を用いて表現したものとなります。コンピュータでは、データは基本的にデジタル（0 と 1）しか利用できないため、0 と 1 の 2 種類の数字を用いた 2 進数が用いられています。ただし、すべてのデータを 0 と 1 だけで表現すると大きなデータを表現するのに冗長になるため、2 進数と親和性が高い 8 進数や 16 進数もよく用いられています。

10進	0	1	2	3	4	5	6	7
2進	0	1	10	11	100	101	110	111
8進	0	1	2	3	4	5	6	7
16進	0	1	2	3	4	5	6	7

10進	8	9	10	11	12	13	14	15
2進	1000	1001	1010	1011	1100	1101	1110	1111
8進	10	11	12	13	14	15	16	17
16進	8	9	A	B	C	D	E	F

> 10 ～ 15 を表す数字として A ～ F を使う

N 進位取り記数法での記述方法
・10 進数　例）314.15$_{(10)}$ の場合

> 小数点の位置

$10^2 = 100$ の位	$10^1 = 10$ の位	$10^0 = 1$ の位	$10^{-1} = \dfrac{1}{10^1}$ の位	$10^{-2} = \dfrac{1}{10^2}$ の位
3	1	4	1	5

$3 \times 10^2 + 1 \times 10^1 + 4 \times 10^0 + 1 \times 10^{-1} + 5 \times 10^{-2}$

・2 進数　例）$101.11_{(2)}$ の場合

小数点の位置

$2^2 = 4$ の位	$2^1 = 2$ の位	$2^0 = 1$ の位	$2^{-1} = \frac{1}{2^1}$ の位	$2^{-2} = \frac{1}{2^2}$ の位
1	0	1	1	1

$$1 \times 2^2 + 0 \times 2^1 + 1 \times 2^0 + 1 \times 2^{-1} + 5 \times 2^{-2}$$

他の進数への変換方法

・10 進数から N 進数へ

① 元となる 10 進数を N で割ったとき、商と余りを計算

② ①の計算で出てきた商に対して再び N で割り、商と余りを計算

③ ①および②を商が 0 になるまで繰り返す

④ 最後の計算結果から逆の順番に余りを並べる

例 1)　10 進数「4」から 2 進数への変換

2) 4
2) 2 … 0
2) 1 … 0
　 0 … 1

最後から並べる

答）$4_{(10)} = 100_{(2)}$

例 2)　10 進数「67」から 8 進数への変換

8) 67
8) 8 … 3
8) 1 … 0
　 0 … 1

最後から並べる

答）$65_{(10)} = 103_{(8)}$

・N 進数から 10 進数への変換

① 小数点の位置を基準とし、それぞれの桁の数値に基数の乗数をかける

② すべての桁の数値を加算

例 1)　2 進数「100」から 10 進数への変換

$$1 \times 2^2 + 0 \times 2^1 + 0 \times 10^0 = 1 \times 4 + 0 \times 2 + 0 \times 1 = 4$$

答）$100_{(2)} = 4_{(10)}$

例 2)　8 進数「103」から 10 進数への変換

$$1 \times 8^2 + 0 \times 8^1 + 3 \times 8^0 = 1 \times 64 + 0 \times 8 + 3 \times 1 = 67$$

答）$103_{(8)} = 67_{(10)}$

・2 進数から 8 進数、16 進数への変換

① 小数点の位置を基準とし、8 進数なら 3 桁、16 進数なら 4 桁ずつ切り分ける

② ①でできた枠の中の数値をそれぞれ独立の 2 進数とみなして 10 進数に変換する

③ ②の結果を元の順番に並べる

※ 8 進数、16 進数から 2 進数への変換は逆手順で計算できる

16 進数	F				5			
	↕				↕			
2 進数	0	1	1	1	1	0	1	0	1
	↕			↕			↕		
8 進数	3			6			5		

小数点の位置

◎ 4-2　ビットとバイト

コンピュータの動作原理

　コンピュータは人間の能力をはるかに超え、高速に、かつ正確に演算を処理することができます。いくら人間を超えているとはいえ、コンピュータは人間の作り出した機械であることに変わりはありません。人がお互いにコミュニケーションをとるためには、さまざまな方法がありますが、とりわけ言語の持つ役割は非常に大きいといえます。言語の持つ構造的な原理は、対象となるものに対して、たとえば、えんぴつならば pencil という具合に、1 対 1 に対応づけられているということになります。このような対応づけをコンピュータにも行うことができれば、コンピュータに知的な活動を行わせることができるようになります。

　機械であるコンピュータでは、次の物理的な状態による対応づけを行うことによって実現させています。計算機としてのコンピュータの開発当初の歯車による機械式から電気式に変わり電気の流れによって、物理的な状態を作り出すようになりました。現在でもこの電気式と基本的には変わりありませんが、半導体による非常に微弱な電気により、かつ超高速に制御できるようになっています。この電気の流れを電球に置き換えて考えてみると、電球が点いた状態（ON）と消えている状態（OFF）の 2 つを表すことができます。たとえば、電球が ON の時を女性、OFF の時を男性とすると、電球の ON/OFF で男女の区別をつけられるようになります。このように ON と OFF で、2 つの状態を表すものを二状態素子と呼ばれています。この二状態素子 1 個では、2 つの状態しか表せませんが、二状態素子 2 個では、ON/OFF の組み合わせから 4 つの状態を表すことができます。このように二状態素子を複数個組み合わせて、より複雑な状態を表しています。

いろいろな二状態素子 2 個による情報の表現

ビットとバイト

　コンピュータでは、二状態である ON/OFF を 1/0 で表すことが一般的です。これがコンピュータで表現される最小の単位でビット（bit:binary digit）と呼ばれています。また、2 進数の 1 桁に対応しています。コンピュータの黎明期において、さまざまなビットの組み合わせによるコンピュータが開発されてきましたが、2008 年に国際標準化機構（ISO）と国際電気標準会議（IEC）により、8 ビットを 1 バイトとすることになりました。8 ビットでは、2^8 により 256 通りの状態を表すことができます。

　この 8 ビット（1 バイト）では、直接入力モードの半角英数字については、すべてのアルファベット（大文字／小文字）、数字を表すことができます。日本語は、全角文字として、16 ビット（2 バイト）を使って表しています（**4-3「符号化」**）。また、フルカラーは 3 原色である赤青緑を各 8 ビット（256 色）を組み合わせた 3 バイトで約 1670 色表現しています（**4-4「カラーコード」**）。このように多くのビットを組み合わせたマルチビット（マルチバイト）により複雑で多くのデータを処理できるようにしています。

　ここで画像の容量（ファイルサイズ）について見てみましょう。地上波テレビ（2K）やスマホ（iPhone8）の解像度としてフル HD（HighDefinition）規格が使われています。これは、横 1920 ドット、縦 1080 ドットの画像として表現されます。多くの場合、この 1 ドット（画素とも呼ばれています）にフルカラー（3 バイト）で表現していますので、この 1 画像あたりの容量は以下のように求めることができます。

1 画像の容量 ＝ 　横のドット数　 × 　縦のドット数　 × 　1 ドットのバイト数　

つまり

1 画像の容量 ＝ 1,920 × 1,080 × 3 バイト ＝ 6,220,800 バイト ≒ 6.2M バイト

　これは、そのままのデータ容量であり、実際には圧縮することでもっと小さな容量になります。圧縮技術として PNG 形式（圧縮率 70 〜 8 0%）や JPEG 形式（圧縮率 85% 他任意に設定可）、映像では H.264 形式（圧縮率 90% 以上）などによりかなり小さい容量になります。こういった計算を概算できるようにするといいでしょう。

◎ 4-3　符号化

///

符号化

コンピュータや情報デバイスで取り扱うことのできるデータは、1もしくは0のデジタルデータだけです。普段私たちが、会話で用いている日本語（その他の言語でも構いません）は、人が言葉という情報をやり取りするためのデータであり、コンピュータでは理解することはできません。もしくは、コンピュータに指示（命令）することはできません。最近の音声アシスタントやスマートスピーカーは、私たちの話し言葉を理解して、さまざまな処理をしてくれます。これは、AI技術を用いて、私たちの話し言葉をコンピュータや情報端末に理解できるよう音声認識させる技術です。通訳機能として理解するとわかりやすいでしょう。こうした、ますます便利になっていくコンピュータや情報デバイスですが、それらの中ではデジタルデータに変換した情報のやり取りが行われていることを理解しましょう。

文字コード

4-2「ビットとバイト」では、コンピュータは1と0のデジタルデータしか扱うことができないが、これらを組み合わせて多くの数字を表すことはすでに述べました。たとえば、1ビットならば、1と0の2つのデータを表すことができます。ここで、下図のように0をa、1をbと割り当てます。

符号	文字
0	a
1	b

そうすることで、今後0はaとなり、1はbとなります。1ビットの場合、2文字しか割り当てられません。これを2ビットにすると4文字割り当てることができるようになります。

符号	文字
00	a
01	b
10	c
11	d

実際には、アルファベットや「|」「&」などの記号を表すASCIIコード（7ビット）とこれにカタカナを加えたJISコード（8ビット）が用いられています（JISコード表参考）。

JIS コード	文字
0100 0001	A
0110 0001	a
0011 0101	5
1011 1010	コ（半角カタカナ）

　ここで注意してほしいことは、ここインターネットの発達により半角カタカナの使用は文字化けの恐れから推奨されていません。特別な指示がない限り、半角カタカナは使わないようにしましょう。8 ビットで割り当てられる文字数は、28 個つまり 256 文字です。私たちが普段使っている日本語は、ひらがな、カタカナだけでも 100 文字を超えます。今まで学校で習ってきた常用漢字は第一水準漢字と呼ばれ 2965 文字あります。コンピュータではさらに、第二水準漢字（3390 文字）、第三水準漢字（1259 文字）、第四水準漢字（2436 文字）に記号などを加えた 1 万字を超える文字を取り扱うことができます。そうすると、8 ビットで表現することはできず、日本語を割り当てるのに、第二水準漢字までで 16 ビット、それ以上では 32 ビットを用いています。

身近な符号化

　身近なところにも符号化を用いたものがたくさんあります。駅番号（新宿駅は JY17）や各大学に割り振られている大学番号（東京大学は 104003）、他にもみなさんに割り当てられているマイナンバーや学籍番号も符号化技術の一つです。

　駅ナンバリングは、インバウンド対応を目的に 2004 年東京メトロを皮切りに全国に進みました。現在では、路線バスや高速道路などさまざまな交通網に用いられています。JR 東日本では、スリーレターコード、路線記号、駅番号を組み合わせて利便性を高めています。さらに、駅名標には、4 カ国語表記を実施しています。このように、コンピュータ技術だけのように思える符号化は、いろいろなところで利用されています。

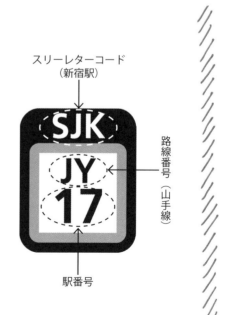

スリーレターコード（新宿駅）

路線番号（山手線）

駅番号

⊙ 4-4 カラーコード
///

色の定義

私たちは、クレヨンでも絵具でもいいですが、赤色や青色、黄色などと何色ということで色を認識しています。また、視覚として目からも色を認識することもできます。コンピュータでは、取り扱うデータはすべて1もしくは0のデジタルから成っていますので、文字と同様に色も数字に置き換えて割り当てます。コンピュータで扱うカラーについては、用途によって表現方法が違ってきます。みなさんが主に使うコンピュータの画面やスマートフォン、テレビ、デジカメなどは赤（Red）・緑（Green）・青（Blue）の三原色を混ぜて表現する加法混合方式（RGB）です。また、印刷やプリンタで使われるシアン（Cyan）・マゼンタ（Magenta）・イエロー（Yellow）・ブラック（Key）の4色を用いた減法混色方式（CMYK）もあります。

まず私たちは色をどうやって認識しているのでしょうか。太陽から降り注いでいる白色光は、私たちが色として認識する（見る）ことができる可視光から、熱として感じる赤外線、肌が日焼けする紫外線と非常に多くの色（波長）を持った光（電磁波）です。たとえば、リンゴが赤く見えるということは、リンゴを照らした光が反射して反射光として見ているわけですが、この時、赤色の光だけが反射され、それ以外の色の光はリンゴに吸収されます。

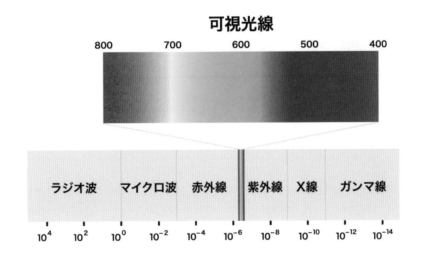

光の色と波長 [nm]

カラーコード

加法混合方式（RGB）は、光の三原色である赤・緑・青を混ぜ合わせて色を作りますが、赤・緑・青の明るさ（明度）をそれぞれもっとも明るい色を混ぜ合わせると白色になります。反対に明るさを暗くすると黒色になります。減法混合方式（CMYK）は、反対にシアン・マゼンタ・イエロー・ブラックのそれぞれがもっとも明るい色を混ぜ合わせると黒色になります。

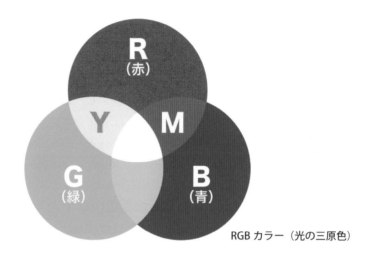

RGB カラー（光の三原色）

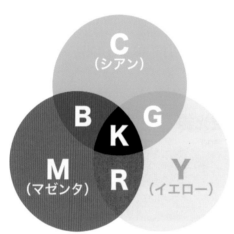

CMYK カラー（色料の三原色）

　コンピュータで色を扱う場合、24 ビットフルカラーがほとんどです。以前、コンピュータや情報デバイスで表現する制約があったときは 256 色やその他限られた色しか表現できませんでした。24 ビットフルカラーとは、赤・緑・青それぞれ 8 ビット（256 色）を割り当て、混ぜ合わせて表現します。たとえば、赤色は、（255,0,0）と表します。

　また、16 進数表記で色を指定する場合も多いです。詳細な説明は省きますが、10 進数表記の 0 から 255 を 16 進数で 00 から FF で表します。たとえば、16 進数表記の赤色は、#FF0000 と表します。

　色を表す場合、数値で表すだけでなく、色見本として DIC や PANTONE などが定めた色名もあります。たとえば、DIC では、日本の伝統色やフランスの伝統色、中国の伝統色など表現したものもあります。日本の伝統色である葡萄茶は（100,1,37）、鉄紺は（0,49,73) で表されます。

　他にもマンセルの色相環として、「色相」「明度」「彩度」の三属性で表記する方式もあります。

Lecture-5　コンピュータによる表現方法

◉ 5-1　グラフィックス（ベクター、ビットマップ）

コンピュータの中での画像の取り扱い──画像をコンピュータで用いる際には、ある一定のルールに基づき数値に変換したデジタル化が必要です。データとしたデジタル画像をわれわれが見られるように表現するには、大きく2つの方法で描画されます。

・ベクター画像（ベクトル表示、ドロー系とも）

画像を始点と終点までの解析幾何学的な波形（図形）の集まりとしてとらえ、常に計算を行いながら描画する方式です。比較的単純な色や形のイラストや文字を用いたものに向いています。常に計算して描画している関係で拡大縮小しても画像の乱れ（雑音やボケなど）が生じにくい特徴があります。また、画面全ての画素情報を持たないことからデータを小さくできるメリットがあります。一方で、何か変化があるたびに画面全体を計算しなおさなければならず、コンピュータへの負荷は大きくなりがちです。また、写真などの細かい変化が多いものの表現も苦手です。図形表現の際、線で囲まれた中身（塗りつぶし部分）と線（外周）は数学的に別々のものとして扱わなければならないため、ベクター画像を取り扱うアプリケーションである Adobe 社の Illustrator などでは、「塗り」と「線」としてわけており、それぞれ「なし」と「色」、「太さ」などを変えることでさまざまな図形を描画しています。

・ビットマップ画像（ラスター、ピクセル表示、ペイント系とも）

画像をディスプレイ等と同じく画素（Pixel）を縦横に等間隔に並べた集まりとしてとらえ、各画素に対する値をデータとして格納しておき、ディスプレイ等に合わせて読み出すことで画像を描画する方式です。各画素には、輝度値と呼ばれる明るさや RGB（光の三原色）で表現されたカラーの強さの値などが格納されます。すべての画素の値を持たせることができることから、画素数が多ければ多いほど（解像度という）、細かい表現が可能となるため、写真などの細かな表現が必要なものに向いています。また、1点の値と付近の値が確実にわかるため、色や明るさを変化させるなどの画像処理にもよく用いられています。

一方で、拡大縮小や回転などをすると本来無い情報を推定による補間が必要であったり、存在した情報が欠落することがあったり、画像が劣化しやすいデメリットがあります。また、解像

【図1】ベクター画像

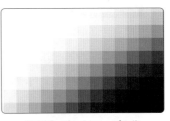

【図2】ビットマップ画像

度が大きくなるほどデータ量が増え、記憶容量を圧迫します。

・グレースケール画像

　画像の色を表す方法として、1画素に1Byte（8bit：256種類）を割り当て、符号なしの値0〜255に対して黒〜白の輝度値（Brightness）を表現したものをグレースケール画像と呼びます。一般的にモノクロ画像とも表現されるように、色情報は持たせることができません。色に近い情報を持たせるため、人間の視覚処理にあわせてさまざまな表現方法が存在しますが、広く一般的には「NTSC加重平均法」が使われています。

　NTSC加重平均法とは、光の3原色に対してそれぞれ人の視覚に近くなるようそれぞれの色に重みを付け平均を算出し輝度値を計算する方法で、式1に示した値で計算することができます。重み値は国際電気通信連合の規格に規定されています。この重み値を見ると、自然界に多く存在する緑の解像度が約6割と最も高く、赤は約3割、青は約1割となっていることがわかります。

・カラー画像

　画像の色を表す方法として、1画素に3Byte（24bit：約1677万種類）もしくは4Byte（32bit：約1677万種類＋透明度）を割り当て、1Byteごとに色の強さや透明度を表す値を割り当てることで、カラー画像を表現できます。使用する表色系や色空間によって種類があります。

【図3】カラー画像

　　　RGB画像　：光の3原色｛赤（R）、緑（G）、青（B）｝にて表す
　CMYK画像　：色の3原色｛シアン（C）、マゼンタ（M）、イエロー（Y）｝＋黒（K）にて表す
YCrCb表色系　：輝度＋赤との色差＋青との色差で表す（テレビ放送やBD等で使用）

$$輝度値 = 0.29891 \times Red + 0.58661 \times Green + 0.11448 \times Blue \quad \cdots\cdots\cdots (1)$$

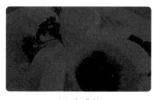
(a) 赤成分

(b) 緑成分

(c) 青成分

(d) NTSC加重平均法

【図4】グレースケール画像の表現

🎯 5-2　デジタルイメージ
//

　信号の表現方法——われわれが日常で感じ取れる信号には、光（画像）と音があります。画像と音声は類似していて、音声は、空気の振動（音圧）を電気信号に変換することにより音声信号を得られます。音声は横軸に時間を、縦軸に振動の大きさ（音圧）をとってグラフに表せば**図1**上部のような波形となります。一方、**図1**下部に示すように一次元的（横一列）に明るさ（濃淡値）が変化している画像の場合も同様の結果になります。ただし、音声と違い、横軸が空間的位置（座標）、縦軸が明るさ（輝度値）を表しています。

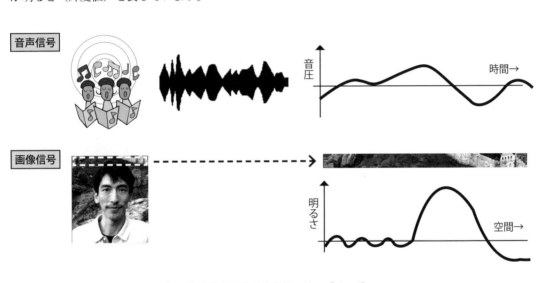

【図1】音声信号と画像信号のサンプリング

　したがって、**図2**に示すように、画像信号におけるサンプリングレート（一定の距離をどれだけ細かく表現するか）は「解像度」を意味し、量子化ステップは明るさの程度となります。さらに、カラーの場合は**図3**に示すように RGB それぞれについて明るさのデータを持てばよいことになります。また静止画のように止まっている画像であれば1枚のデータ量で済みますが、動画像であれば、1秒間に複数枚の静止画像データが必要となり膨大なデータ量となります。1秒当たりの枚数をフレームレートと呼び、PC やゲーム機の場合は 30fps や 60fps 以上、デジタル放送のテレビでは29.94fps、映画やアニメーションでは 24fps が使われています。現在デジタルイメージの表示において、**表1**に示すような画像の規格があり、その解像度によってそれぞれのデータの量を示します。

　ここで表示するディスプレイ等のサイズによっては、同じ解像度の場合において表示される画像の綺麗さに違いが出る点に注意が必要です。たとえば、FHD サイズ（1920 x 1080 pixels）のイメージデータを画面から 50cm 程度離れて見る場合、24inch の FHD 液晶ディスプレイで表示した際には、1画素の大きさが十分に小さく、高精細に表示されます。しかし、100inch の大型 TV で表示すると1画素の大きさが 24inch の時と比べて大きくなってしまい、モザイク状に表示されてしまいます。

すなわち、同じ精細さで閲覧させようとする場合は、距離と画面の大きさに応じて適切なイメージサイズを選択する必要があります。

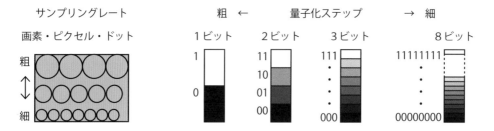

【図2】サンプリングレートと解像度、量子化ステップと明るさの関係

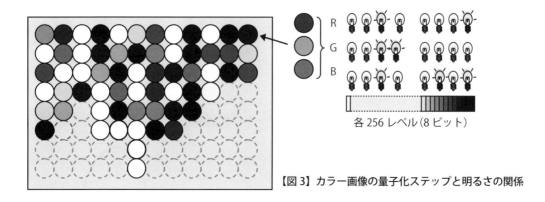

【図3】カラー画像の量子化ステップと明るさの関係

【表1】画像のタイプとデータ量　　　　　　　　　　　　　　　　※データ量は概数

タイプ	解像度	画素数	データ量（B）		アスペクト比
QVGA(quarter-VGA)	320 x 240	76800	230.0	K	4:3
VGA(Video Graphics Array)、SD	640 x 480	307200	922.0	K	4:3
DV	720 x 480	345600	1.0	M	4:3
SVGA(Super-VGA)	800 x 600	480000	1.4	M	4:3
XGA(eXtended Graphics Array)	1024 x 768	786432	2.4	M	4:3
HD(720p)	1280 x 720	921600	2.8	M	16:9
WXGA(Wide XGA)	1280 x 800	1024000	3.1	M	8:5 (16:10)
FWXGA(Full-WXGA) HD	1366 x 768	1049088	3.1	M	16:9 に近い
SXGA(Super XGA)	1280 x 1024	1310720	3.9	M	5:4
SXGA+	1400 x 1050	1470000	4.4	M	4:3
UXGA(Ultra XGA)	1600 x 1200	1920000	5.8	M	4:3
FHD(Full-HD,1080p)	1920 x 1080	2073600	6.2	M	16:9
2K	2048 x 1080	2211840	6.6	M	16:9
WUXGA(Wide Ultra-XGA)	1920 x 1200	2304000	6.9	M	8:5 (16:10)
QXGA(Quad-XGA)	2048 x 1636	3145728	9.4	M	4:3
QUXGA(Quad-Ultra-XGA)	3200 x 2400	7680000	23.0	M	4:3
4K QFHD(Quad Full-HD) UHD 4K(2160p)	3840 x 2160	8294400	24.9	M	16:9
WQUXGA(Wide QUXGA)	3840 x 2400	9216000	27.6	M	16:9
8K FUHD (4320p) スーパーハイビジョン	7680 x 4320	33177600	99.5	M	16:9
16K	15360 x 8640	132710400	398.1	M	16:9

◉ 5-3　動画像

//////////////////////////////////

　動画像とは——近年、高機能なビデオカメラやスマートフォンの普及に伴い、動画像の撮影が容易になりました。また、個人でもインターネット上や SNS 上で気軽に動画配信ができるようになり、コミュニケーションの手段や作品紹介の手段として大いに利用されています。ここでいう動画像とはそもそもどのようなものでしょうか。

　動画像は、基本的にはパラパラ漫画のように、少しずつ変化した静止画をすばやく切り替えて表示することで人間の眼の錯覚を利用し、あたかも動いているように見せるものです（**図1**）。基本的には 1 秒間に 10 枚〜 60 枚程度の静止画を用意するとなめらかな動作をしているように感じられます。

【図1】動画像の構成例

　動画像の容量（無圧縮）——静止画を切り替えていることから、動画像の綺麗さや動きのなめらかさは、静止画の解像度や色数だけでなく、秒間に何枚の静止画を表示するか（フレームレート）が重要です。当然ながら、デジタルイメージの項目で述べたように、解像度が高く、使用する色数が多ければ、大きな画面でも綺麗に表示できます。さらに、フレームレートが高ければ、スポーツなどのように高速に動く対象であっても、なめらかに表現することができます。一方で、高解像度かつ色数を多く、高フレームレートにするとデータ量は膨大になります。

　たとえば、VGA サイズ（720 × 480[pixels]）の大きさ、色数をフルカラー（約 1677 万色：8bit が 3 色分）、フレームレートを 30[fps]（秒間 30 枚）とすると、

　720 × 480 × 8 × 3 × 30 = 248,832,000[bit]=31,104,000[Byte] ≒ 29.7[MByte]

となることから、1 秒間で約 30MB、25 分間（1500 秒）では約 43GB もの容量が必要となります。

　動画像データの削減——上記で述べたように動画像のデータをそのまま記録すると、膨大なデータ量となります。このため通常は、0 が大量に並ぶなどの不要なデータや人間の眼では判別しづらい情報を削減することで、データ量を減らす仕組みが設けられます。

・1 ドット情報の削減

　人間の視覚特性は、輝度（明るさの変化）には敏感だが、色の変化には比較的鈍感と言われていま

す。これを利用し、輝度解像度はできるだけそのまま残し、色の解像度を削減することで情報を減らすことができます。

　1ドットの情報として光の3原色（赤、緑、青）を用いたRGB表色系を用いてそれぞれに1[Byte]を割り当て3[Byte]となっていますが、これを輝度（Y）と赤色の差（Cr）、青色の差（Cb）に変換したYCrCb表色系（**式1**）に変換します。これらからデータを削減する方法としてクロマ（色成分）サブサンプリングという方法を用います。各成分を水平方向に対してどれだけ削減するかを割合で表現し、4:4:4の状態が無圧縮です。ここで4:2:2と赤と青の色差を（水平方向に）半分に削減しても、人間にはそれほど変化したようには見えません。業務用で用いられるデータの多くはこの形式であり、1ドットあたり2[Byte]で表現できます。

　地上デジタルTVや、Blue-Ray、DVDなどの場合は4:2:0であり、垂直にも赤色と青色差を交互に間引き・水平方向を半分に削減し1ドットあたり1[Byte]で表現しています。

$$Y = 0.299 \times Red + 0.587 \times Green + 0.114 \times Blue$$
$$Cr = 0.5 \times Red + (-0.418688) \times Green + (-0.081312) \times Blue$$
$$Cb = (-0.168736) \times Red + (-0.331264) \times Green + 0.5 \times Blue$$

……… (1)

・静止画の圧縮

　静止画の構成中で、たとえば壁や空などある程度一定の色が連続するような情報や同じような変化をする個所（縞模様など）の情報をひとまとめにすることで、情報量が削減できます。

　たとえば、輝度値100という値のドットが100個続いた場合、通常なら1[Byte]×100[個]=100[Byte]必要となりますが、情報を輝度値×連続数とすると、1[Byte]×1[Byte]=2[Byte]で収まることになります（注：1[Byte]は0〜255までの256種類が表現できる）。このような情報を削減して保存されている代表的な画像形式がJPEGやJPEG2000です。

・動画像の圧縮

　1ドットあたりの情報量削減だけでなく、動画の性質を利用してさらに情報量を削減する方法が圧縮です。

　たとえば、動画中の2枚のフレームを見たとき、そのほとんどの個所は変化していないか変化が極めて少なくなります。

　このように変化が少ない部分は2枚の画像情報を引き算すると0か極めて0に近い値になります。このような情報を削除し、「基準となる画像」から「変化した部分だけ情報」を残すことで、2フレーム以降の画像情報を大幅に削減できます。

　この仕組みを用いたのがMPEGであり形式にもよりますが、およそ20分の1程度にまで圧縮できます。

◉ 5-4 3次元コンピュータグラフィックス
//////////////////////////////////////

2次元画像は**図1a**のように「縦」と「横」の位置で表された画素単位でデータが格納されていますが、さらに「高さ（奥行）」を追加した点や線、面のデータを一般的には3次元データと呼びます（**図1b**）。この3次元データを用いて、コンピュータグラフィックス（CG）を描画したものが、3次元コンピュータグラフィックス（3DCG）です。

(a) 2次元CG

(b) 3次元CG

【図1】CGの種類

コンピュータで扱う3次元CGは、主に点の塊であり、この点の位置を表すのには、3次元直交座標系が用いられています。直交座標系とは、原点Oからとある点までの各軸（横x, 縦y, 高さz）に対する距離を「座標値」と呼ばれる数値で表したものです。3次元データには、基本的にすべての点の座標値が記録されていて、この点と点を結ぶことで「線」や「面」を表現できます（**図2a**）。3次元CGを描画する際には、形を表す3次元点群データ以外にも、表面の色や模様、質感を表す「テクスチャ」と呼ばれる情報もよく使われています（**図2b**）。このテクスチャのデータ表現には、2次元画像と同様の座標系以外にも、円筒座標系や極座標系が使われることも多くあります。

(a) 3次元CG

(b) 3次元CG＋テクスチャー

【図2】3次元CGの利用例（Priject PLATEAU より）

　3次元CGを作成するためには、3DCGソフトもしくは3DCGエディタと呼ばれるアプリケーションを主に用います。3DCGソフトの多くは、いろいろな描画方法で3次元データを作成できるよう工夫されていますが、基本として3面図を用いたものが多いです。3面図は上、前、横、自由視点の4画面から構成されていて、建築等で使われる展開図と同様に3次元CGを描くことができます。

3次元CGを制作するには
・モデリング：物体（モデル）を作成（**図3a**）
・プリレンダリング：表面材質（サーフェス）や光源等の決定（**図3b**）
・アニメーション：モデルに動きを付ける
・レンダリング：最終的なCG画像（映像）を描きだす（**図3c**）
という作業が必要です。
　現在3DCGが良く使われているテレビや映画、ゲームなどでも同様の流れで作業が行われていて、プロジェクト次第では、それぞれの工程で数人～数百人規模で作業が行われます。

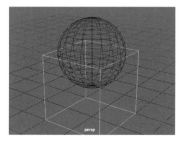 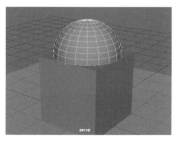 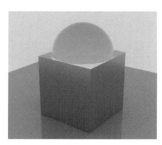

(a) ワイヤーフレーム　　　　(b) サーフェスシェーダ　　　　(c) レンダリングイメージ

【図3】3次元CG作成の例

4DXとは
　近年の映像作品（特に映画やアミューズメント用途）には、3次元CGと特殊な投影方法や機材を用いて立体視が可能なものも存在します。これは人間の視覚と同様に右目用、左目用と視差（少し横にずれた映像）を用意し、それぞれの目に専用の映像を見せることで、あたかも立体的な物体が存在するように見せています。立体視が可能な映像にさらに臨場感を加えるため、もう一次元（1D）として「体感」を加えたものが4DXです。主には座席が映像に合わせて動いたり、霧や雨のシーンで水がかかったり、匂いがしたりといった人間の視覚以外も刺激するような仕組みで臨場感を与えています。4DX対応の映画やテーマパークなどのアミューズメント施設で導入されていて、今後は家庭でも使用できるようコンパクトな4DXシステムも開発が進んでいます。

◉ 5-5　グラフ表現

グラフ表現

　一般的に表計算ソフトには、表データを美しく表現力に富んだものに見せるためのグラフ機能が備わっています。このグラフ表現は、表データである数値情報を視覚情報に訴えることにあります。グラフにすることで、プレゼンテーションとしてわかりやすいものとなります。このグラフの種類には、たくさんのものがありすべてを紹介できませんが、それぞれの用途に応じて、表計算ソフトを利用した適切なデータ処理とともに選択されなければなりません。ここでは、代表的なグラフの種類を紹介します。

（1）棒グラフ

　単純集計に用いられることが多く、単純に数量を比較することに適しています。縦棒もしくは横棒の長さの大小で比較することができます。テストの成績や商品の売り上げ比較など、連続性のないデータに使います。

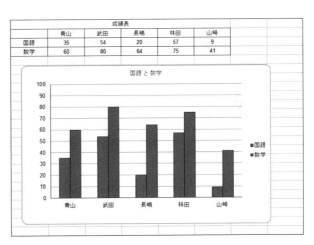

成績表					
	青山	武田	長嶋	林田	山崎
国語	35	54	20	57	9
数学	60	80	64	75	41

（2）折れ線グラフ

　時間軸を横軸にして、時間変化のデータの推移を見ることに適しています。成績の変化や売り上げの推移、気温変化など、時系列や連続性のあるデータに使います。

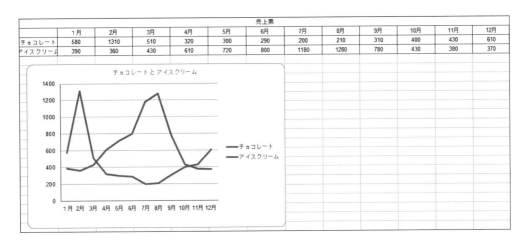

売上票												
	1月	2月	3月	4月	5月	6月	7月	8月	9月	10月	11月	12月
チョコレート	580	1310	510	320	300	290	200	210	310	400	430	610
アイスクリーム	390	360	430	610	720	800	1180	1280	780	430	380	370

（3）円グラフ

個々のデータの全体に占める割合（構成比）を見ることに適しています。個々のデータが占める割合を面積で表現し、直感的に理解しやすいことが特徴です。360度が100％を表します。

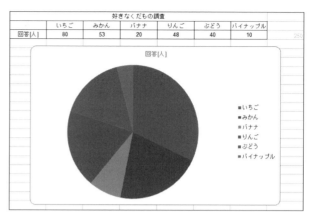

（4）散布図

2つのデータの相関関係を見ることに適しています。相関とは、たとえば、身長と体重の関係を見たとき、身長が大きくなれば体重も増えるように、一方のデータが変化した時もう片方のデータもあわせて変化するように相互に関係することを言います（表とグラフ）。

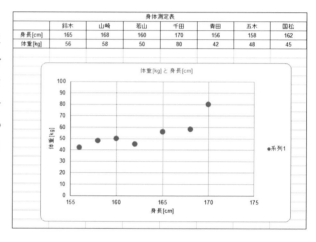

（5）レーダーチャート

いくつかのデータをから評価をすることに適しています。パーソナリティ評価（適性検査など）で5角形や6角形など多角形の形と大きさで相対的にデータを比較するときに使います。

（6）ヒストグラム

量的データの分布を見ることに適しています。量的データを階級に分けて表にしたものが度数分布表です。これを視覚的にわかりやすく表現したものがヒストグラムです。度数分布表とは、たとえば、クラスの成績を10点台ごとの階級に分けて、成績の分布をわかるようにしたものです。棒グラフに似ていますが、階級は連続したものになっているので、グラフ同士の間はあけません。

適性検査					
	活動性	社交性	慎重性	主体性	決断性
佐藤	4.5	3	1.9	4	4.2

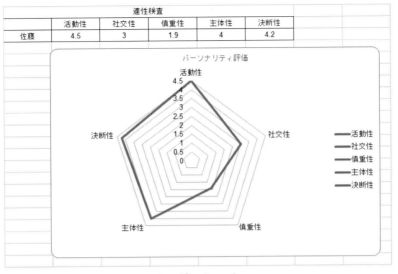

レーダーチャート

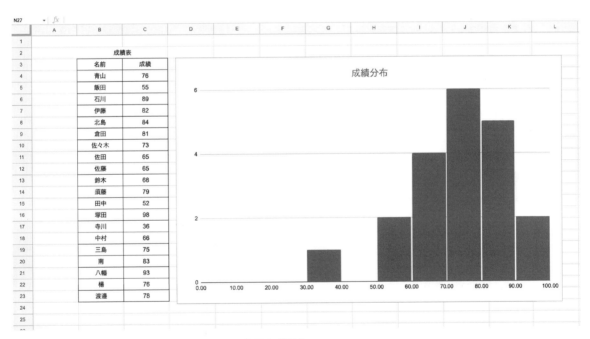

ヒストグラム

◎ 5-6　構図と表現手法

//

構図

レオナルド・ダ・ヴィンチ（1452-1519）：ルネッサンスを代表する芸術家で知らない人はいないでしょう。多くの学問に秀でた芸術家で「モナリザ」や「最後の晩餐」は名作です。それ以外にも一度は目にしたことがあるのが、人体図「カノン」だと思います。図中の点線に示した通り、おヘソを中心に上半身と下半身の比率が1（上半身）:1.618（下半身）になっています。これは、黄金比（Golden Ratio）と呼ばれていて、神から授かった分割法とか、黄金の名にふさわしいプロポーションとして古来から絶対的で理想的な造形分割として崇められてきています。他には、パリの凱旋門やパルテノン神殿、ミロのヴィーナス、葛飾

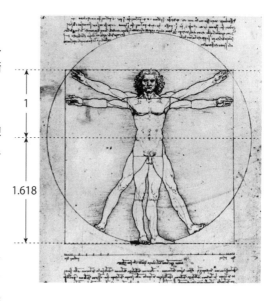

北斎の浮世絵、さらに、Apple や Google のロゴも黄金比が使われていると言われています。また自然界にも、オウムガイやひまわりなども黄金比が見られます。このように黄金比は、誰もが無意識に美しいと感じる比率であり、また自然界の中にも存在する普遍的なデザインです。

黄金比

図は、黄金比を示したものです。縦と横の比率が 1:1.618 になっています。この長方形から右側の正方形を除き、残った左側の長方形にも黄金比が見られます。このように黄金比の長方形から正方形を取り除いていくと、黄金比の長方形が繰り返されていきます。非常に神秘的な法則ですが、数学的には対数螺旋と呼ばれています。

私たちが普段何気なく目にしている、ウェブページや雑誌などの出版物、ポスターなどデザインされたものの多くは、黄金比を意識した構図をもとにレイアウトされている場合が多いことに気付かされます。

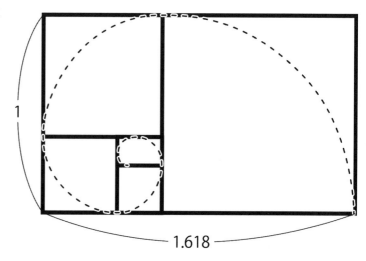

　さまざまな記事に貼り付けられている画像（写真）の縦横の比率に黄金比が使われている、フォントサイズの比率（9ポイントと14ポイント）、リンクボタンやバナーのサイズの比率など、メインビジュアルやコンテンツ、ロゴなどの多くのところに黄金比が使われています。さらに、レイアウトそのものが黄金比によって分割されています。必ずしも黄金比に合わせなければならないわけではありませんが、古くから多くの芸術作品や建築物に取り入れられ、また私たちの多くがそういったデザインに対して美しいと感じたり、見やすいと感じることから、意識しておく必要はあると思います。

　黄金比の他にも、白銀比や三分割法も構図として使われています。プレゼンテーション資料のレイアウトにそうした構図を意識することは当然として、ワードプロセッサの文章であっても構図を意識して、バランスの良い資料を作るよう心がけましょう。

Memo

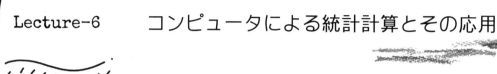

Lecture-6　コンピュータによる統計計算とその応用

◎ 6-1　基本統計量（その1）

///

基本統計量とは——まとまったデータの基本的な特徴を表す値のことで、代表値と散布度に区分されます。代表値とは、データを代表するような値のことで、たとえば、平均値、中央値、最大値、最小値などがあります。散布度とは、データの散らばり度合いを表すような値のことで、たとえば、分散、標準偏差などがあります。

平均値 (mean,averagae)

平均値 μ（ミュー）または x はまとまったデータの中間的な値であり、一般的には算術平均（相加平均）のことです。まとまったデータを集合とすると、集合の要素の総和（全部の値を足したもの）と集合の総数 n で割ったものが平均値となります。

$$\mu = \frac{1}{n}\sum_{i=1}^{n} \qquad x_i = \frac{x_1 + x_2 + \cdots + x_n}{n}$$

例）身長が 155cm,162cm,171cm,160cm,166cm の 5 人が居たとき、平均値は

$$\frac{155+162+171+160+166}{5} = \frac{814}{5} = 162.8\,[cm] \qquad \text{となります。}$$

中央値（median）

中央値（メディアンやメジアンとも）はデータや集合の代表値の一つで、順位が中央となる値のことです。ただし、データの大きさが偶数の場合は、中央順位 2 個の値の算術平均をとります。すなわちデータを昇順（降順）に並べ替え、奇数個ならちょうど中央になる位置、偶数個なら中央 2 つの値の平均値となります。

例）平均値のときの例をとると並べ替えて

　　　155cm、160cm、162cm、166cm、171cm

このときのように 5 つの中央は 3 番目なので、中央値は 162[cm] となります。

※平均値と中央値はどちらも代表値としてよく用いられていますが、データに偏りがある場合は使用に注意が必要です。

例）10 人中、年収 300 万円の人が 9 人、1000 万円の人が 1 人のような場合、

平均値 370 万円、中央値 300 万円となり、平均値は多くの人の値よりも多くなります。

場合によりますが、実情は中央値の方が近くなりやすいです。

最大値 (maximum)、最小値 (minimum)

あるデータの集合もしくは関数の値域（とりうるすべての値からなる集合）の最も大きな値のことを最大値と言い、逆に最も小さな値のことを最小値と言います。

例）平均値のときの値を例にとると

最大値 171[cm]、最小値 155[cm]　となります。

例題 1）

以下の【表 1】のデータから、最大、最小、平均、中央値を求めてみましょう。

【表1】3 科目の試験結果

科目	A	B	C	D	E
国語	55	60	70	60	65
数学	25	95	40	90	60
英語	80	45	60	85	65

例題 1）　解答例

【表2】3 科目の最大、最小、平均、中央値

科目	最大	最小	平均	中央
国語	70	55	62.0	60
数学	95	25	62.0	40
英語	85	45	67.0	60

◎ 6-2　基本統計量（その2）

//

分散 σ^2（variance）、標準偏差 σ（standard deviation）

　分散 σ^2（シグマ自乗）とは、あるデータや確率変数（確率分布）の標準偏差の自乗のことで、分散はデータの散らばり具合を表します。標準偏差より分散の方が計算が簡単なため、分散を用いることも多いです。一方で、分散は元のデータと次元が異なるために比較しにくいという問題があります。元のデータと同じ次元が必要な場合は、標準偏差を用います。分散は具体的には、平均値からの偏差の自乗の平均に等しくなります。なお、これらの元データは正規分布することを前提としていますので、正規分布以外のデータには使えません。

$$\sigma^2 = \frac{1}{n} \sum_{i=1}^{n} (x_i - \mu)^2$$

例）平均値のときの値を例にとると

$$\sigma^2 = \frac{(155-163)^2 + (160-163)^2 + (162-163)^2 + (166-163)^2 + (171-163)^2}{5}$$

$$= \frac{64 + 9 + 1 + 9 + 64}{5} = 29.4$$

　標準偏差 σ（シグマ）は分散に平方根をとったものであり、分散と同じく散らばり具合を表します。標準偏差は元のデータと同じ次元になるため、値を見てどれだけばらついているかがわかりやすいものになります。

$$\sigma = \sqrt{\frac{1}{n} \sum_{i=1}^{n} (x_i - \mu)^2}$$

例）平均値のときの値を例にとると

$$\sigma = \sqrt{29.4} = 5.42$$

　なお、データが正規分布を取るとすると、平均値から $\pm \sigma$ の間に 68.3% の値が入ることがわかっています。今回の例では平均身長 163[cm] から $\pm$ 5.42[cm] の間に約7割が属します。

偏差値 T（standard score）

　偏差値とは、偏差の度合を表す値です。特に「相対偏差値」の略で、平均値を基準とし、平均値と等しければ「50」、それより標準偏差の値だけ大きければ「50 より大きな値」、逆に標準偏差よりも小さければ「50 より小さい値」とする方式で、各値を変換した値となります。これにより、平均値からの分布をわかりやすくしています。式は以下のようになりますが、式の中の「× 10」は値を大きくするためであり、「＋ 50」は 50 を基準とするためです。

　また、偏差値の値は正規分布に対応しており、**図1**の正規分布曲線に示したように

　　偏差値 60 以上（あるいは 40 以下）は、上位（下位）15.866%。

　　偏差値 70 以上（あるいは 30 以下）は、上位（下位）2.275%。

　　偏差値 80 以上（あるいは 20 以下）は、上位（下位）0.13499%。

を意味します。

$$T_i = \frac{(x_i - \mu_x)}{\sigma_x} \times 10 + 50$$

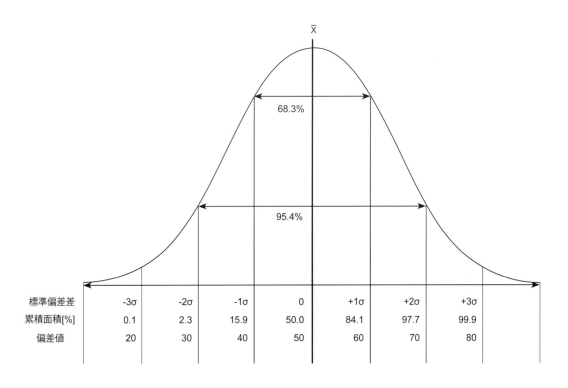

標準偏差差	-3σ	-2σ	-1σ	0	+1σ	+2σ	+3σ
累積面積[%]	0.1	2.3	15.9	50.0	84.1	97.7	99.9
偏差値	20	30	40	50	60	70	80

【図 1】正規分布曲線における標準偏差、偏差値の分布面積

例題 2)

例題 1 の結果から国語、数学、英語の分散、標準偏差、偏差値を求めてみましょう。

例題 2　解答例)

【表 3】3 科目の最大、最小、平均、中央、分散、標準偏差の値

科目	平均	分散	標準偏差
国語	62.0	26	5.1
数学	62.0	746	27.3
英語	67.0	206	14.4

【表 4】3 科目に対する各個人の偏差値

科目	A	B	C	D	E
国語	36	46	66	46	56
数学	36	62	42	60	49
英語	59	35	45	63	49

Memo

◉ 6-3　データ解析（クロス集計）
///

アンケート調査

みなさんが大学生活を送っていく中で、レポートや課題などさまざま活動をしていきます。その中でも卒業論文は、テーマにもよりますが、アンケート調査に代表される調査活動とその結果が重要な要素となります。また、制作活動においても、ターゲットとなる消費者の傾向をつかむために、消費動向調査をするなどアンケート調査を行うことは多くあります。アンケート調査の目的は実態の把握と、仮設の検証の大きく2つあります。実態の把握は、たとえば新商品を発売する際、消費者のニーズを調べたり、テレビCMなどのプロモーション活動の認知度を調べたりするために行われます。仮説の検証は、商品の売れ行きが落ちたりした際、消費者の動向について仮説を立て、それを検証するために行われます。そうして得られたアンケート結果を集計する必要があります。集計には単純集計とクロス集計があります。このアンケートを取るところからその回答結果の集計、さらには集計をもとに統計処理して知見を得るという一連の作業には、それぞれ多くのルールや理論があります。本書では詳しくは述べませんが、演習課題を通して理解をしたり、今後の専門科目にて理解を深めるようにしてください。

クロス集計

ここでは例をもとに簡単に集計手法について考えてみます。

たとえば、野球に対する意識調査を実施したとしましょう。設問は2つです。

Q1.　あなたの性別を教えてください。
　●男性
　●女性
Q2.　あなたは野球が好きですか。
　●好き
　●どちらでもない
　●嫌い

アンケートの回答結果を設問ごとに集計することを単純集計と言います。もっとも基本となる集計方法です。この意識調査の回答結果を単純集計すると下記の通りです。

Q1.　あなたの性別を教えてください。

	回答 [人]	割合 [%]
男性	223	44.6
女性	277	55.4

Q2.　あなたは野球が好きですか。

	回答 [人]	割合 [%]
好き	131	26.2
どちらでもない	247	49.4
嫌い	122	24.4

　単純集計は、設問ごとにどれくらいの回答が得られたか、回答比率である割合や平均値などを求めることを言います。アンケートの全体像を見るためには、この単純集計が優れています。

　つづいて、クロス集計すると下記の通りです。

野球に対する意識調査

		好き	どちらでもない	嫌い
合計		131	247	122
		26.2	49.4	24.4
男性		89	102	32
		39.9	45.7	14.3
女性		42	145	90
		15.2	52.3	32.5

上段：度数 [人]　　下段：回答比率 [%]

　クロス集計では、設問を掛け合わせて集計するため、回答別に細分化して見ることができます。クロス集計をすることで、男女間の差異であったり、年代別の差異であったり、地域差をみたり、さまざまな視点でアンケート結果を分析することができるようになります。ここでは男女別に野球の好き嫌いの傾向を把握することができるようになります。

　このようにクロス集計をすることで、今まで見えていなかった視点で分析できたり、次の課題を見つけることができるようになるなど、単純集計よりも深く分析でき、さまざまに活用できます。ただし、クロス集計をすると、それぞれの属性（ここでは男性／女性）ごとのサンプル数が少なくなるため、アンケート総数（サンプル数）を多めに見積もる必要があるなど注意点があることも理解してください。

　みなさんは、このクロス集計からどう考察しますか。

◉ 6-4　プログラミングの概念
///

プログラミングとは——コンピュータは、インストールされたソフトウェアによってさまざまな機能が実現されています。ソフトウェアは、機械語と呼ばれる0と1のみの2進数で構成されたコンピュータが理解できる言語で記述されていますが、0と1の羅列だけで記述されているため、人には大変わかりづらいものとなっています。そこで、日本語を外国語に翻訳するのと同じように、機械語に変換しやすく、人にもわかりやすい言語としてプログラミング言語が作られました。このプログラミング言語から機械語に変換する作業を「コンパイル」と言います。コンピュータは「処理する動作を決まった手順で記述したもの」通りに動くため、この手順を記したものがプログラムであり、書き方の規則を決めたものがプログラミング言語となります。プログラミング言語でプログラムを作ることをプログラミングと言います。現在では、作業のしやすさや動かしたい機器に応じて、いくつものプログラミング言語が考案されています。

プログラミング言語——人間の間にも国や地域によってさまざまな言語があるように、コンピュータの世界でも処理させたい動作や規模、作る人の開発レベルに応じてさまざまなプログラミング言語があります。代表的な言語に「アセンブラ」、「C/C++」、「Java」、「Python」、「HTML」などがあり、小規模なものから大規模なもの、コンピュータ1台で動くものから複数台にわたり動くものまでさまざまです。

プログラミング言語は大きくわけて2種類あり、プログラム1行ずつ読み込んでは実行を繰り返す「インタプリタ」方式、プログラム全部を一気に読み込み、全体の構成を把握してからコンピュータで実行できる形に変換する「コンパイル」方式があります。先の「Python」や「HTML」は「インタプリタ」方式に属し、「C/C++」や「Java」などは「コンパイル」方式に属します。

また、プログラミング言語が人間にわかりやすい形式であるものを高級言語、人間にはわかりにくいがコンピュータにはわかりやすい形式を低級言語と言います。

アルゴリズム (Algorithm)——アルゴリズムとは、与えられた問題を解くために、できるだけ「簡潔」に「素早く」、「効率的」な「手順のこと」です。手順のことであるためコンピュータに限らず、日常におけるさまざまな問題を解くための手段としても使用されています。たとえば料理があり、あらかじめ用意する材料、道具、手順、調理方法などを記載したレシピはアルゴリズムの一つといえます。

アルゴリズムを記載する方法は自由ですが、万人が見てわかるように流れ図（フローチャート）を使うことが多くあります。

```
┌─アルゴリズムの例─┐
・探索（検索）　　　　：路線案内やルート検索、データの探索など
・並び替え（ソート）　：最大・最小、上位・下位の探索、前処理など
・結合（マージ）　　　：2つ以上のデータの結合方法など
・計算方法　　　　　　：公式、方程式、高速・高効率な計算、ランダムなど
```

　流れ図（フローチャート）：あらかじめ決まった記号と文字を使い、基本的に上から下に手順が進むように記載した図を流れ図と言います。記号は以下の表のものが主に使われています。

記　号	名　称	意　味
	端子	処理の開始と終了
	処理	処理内容
	判断	2つ以上に分岐する判定
	繰り返し（ループ）	繰り返しの開始と終了
	接続線	処理の順序 場合によっては矢印も使う

【図1】　フローチャート記号

アルゴリズムの構造

・順次処理
　順次処理は、処理を上から下へ順番に行います。

・選択構造
　条件に従い処理が2つ以上に分岐させます。

図

・繰り返し構造
ある条件に応じて、同じ処理を繰り返します。
条件の「判定」を繰り返す「前」か「後」かで
書き方は異なります。

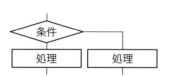

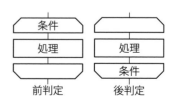

🎯 6-5　人工知能の概念
//

人工知能とは

　広辞苑によると、電子計算機つまりコンピュータに、高度の判断機能を持ったプログラムを記憶させ、大量の知識をデータベースとして備えて、推論・学習など人間の知能の働きに近い能力を持たせようとするものとあります。つまり、言語の理解や推論、問題解決などの知的な行動を人間にかわってコンピュータにさせることです。みなさんは、映画「ターミネーター」を知っていますか？「I'll be back」は有名なセリフです。2029年、人工知能「スカイネット」が自我を持ち人類を敵とみなすようになった。人間側が勝ちそうになると、スカイネットは、自分の敵が生まれてこないよう現代にアンドロイドであるターミネーターを送り込み母親を殺そうとするSF映画です。映画のように本当に、人工知能が自我を持ち、人間を超えるようなことが起こるのでしょうか。現在のところ、ターミネーターのように人間の知能そのものを持つ機械をつくることはむずかしいです。今人工知能と呼ばれているものは、私たち人間が知能を使ってすることを機械にさせることです。つまり人間がすることの代替と言っていいでしょう。人間にはさまざまな限界がありますが、機械には限界はありません。たとえば、自動車の自動運転技術が確立されると、車を運転してもらえるだけでなく、タクシーやバス、運送トラックなどが人工知能による自動運転にとって代わるでしょう。今後、日本の労働人口の49%が人工知能やロボットなどに代替可能との報告もあります。

人工知能の考え方

　1996年IBMのディープブルーがチェスの世界チャンピオンに勝利したことは大変なニュースになりました。みなさんの身の回りにも人工知能と呼ばれるものがたくさんあります。スマートフォンの音声認識、ネット通販のレコメンデーション、ナビゲーションのルート探索など多くのものが人工知能を使ったものとなっています。それでは人工知能とはいったいどういったものなのでしょうか。ここでは詳述しませんが、大まかな考え方を理解できるようにしましょう。たとえば、リバーシでゲームを作るとします。一部ですが、次のルールを考えてみます。

・相手の駒を自分の駒で挟むと、自分の色に変え、自分の駒にすることができる
・相手の駒を挟むことのできるとき、自分の駒を置くことができる

　こういったルールを学習させることで、人工知能は自らが状況を解析し推論することができるようになり、この推論から結論を導きだします。さらに次のような知識を多く学習をさせることで、より知能の高い人工知能に成長させることができます。

・相手の駒をより多く挟むことのできるところに、自分の駒を置く
・相手の次の手のとき、より少ししか自分の駒を挟めないところに、自分の駒を置く

　人工知能は、私たちが経験や勉強により学習していくことと同様に、膨大なデータを学習することで、与えられた課題や次に起こる事象を推論し、結論を導き出します。この学習のことを機械学習と言い、「統計的機械学習」と「ディープラーニング」に分けることができます。

　迷惑メールフィルターを考えてみましょう。統計的機械学習は、あらかじめ、迷惑メールのパターンを多く学習させることで、自動識別できるものです。迷惑メールには、その文言のパターンがあります。たとえば大手通販サイトを語った「アカウントが停止されています。（中略）発送できません」であったり、架空請求の「料金が支払われていません。（中略）法的措置をとります」であったりさまざまな文言のパターンがあります。ディープラーニングは、これらパターンだけでなく、注目すべき文言を人工知能自らが学習し、その能力を向上させていきます。この注目すべきものを自らが学習していくことから、人間からの指示を受けなくとも、能力を向上させていくところが注目すべきポイントです。現在、ネット通販のレコメンデーションのような、ユーザーの好みに合いそうなものを提案するような場合に多く用いられています。

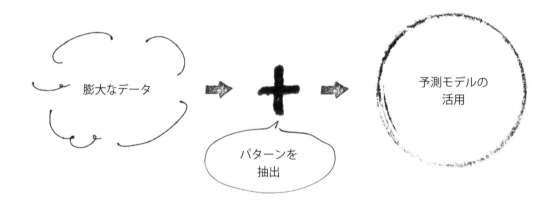

膨大なデータ　＋　パターンを抽出　予測モデルの活用

Lecture-7 情報とセキュリティ

◉ 7-1 情報セキュリティ

//

情報資産とは——情報資産とは「顧客情報」、「営業情報」、「知的財産関連情報」など情報に特に価値がある重要なものです。これらを守るためには、**表1**のような「脅威」と「脆弱性」を知る必要があります。

【表1】脅威の種類

脅威の種類	
物理的脅威	機器の故障、物理的破壊や妨害行為
人的脅威	ソーシャルエンジニアリングと呼ばれる心理的弱点を突く方法 パスワードを聞き出すことや、のぞき見や机付近の調査など
技術的脅威	不正アクセスやコンピュータウィルスによる情報漏洩など 俗にいうサイバー攻撃のこと

　情報セキュリティは「情報システムの機密性・完全性・可用性を維持すること」と定義されており、これらを情報セキュリティの3要素と言います。それぞれ以下のものがあります。

機密性（Confidentiality）
・情報資産を正当な権利を持った人だけが使用できる状態にし、**第三者に情報が漏れないようにすること**
　代表的な技術：パスワード、暗号化

完全性（Integrity）
・情報資産が正当な権利を持たない人により変更されていないことを確実にし、**情報および処理方法が、正確・完全であるようにすること**
　代表的な技術：バイオメトリクス認証、デジタル署名、改ざん防止技術

可用性（Availability）
・**利用者が必要なときに情報資産を利用できるようにすること**
　代表的な技術：オンライン化、システムの二重化、バックアップ

　　リスクマネジメント——セキュリティを高めるということは、リスク（脅威による損害や損失）をできる限り小さくすることであり、リスクマネジメントは、情報セキュリティの 3 要素を阻害するさまざまなリスクがどのように潜在しているかを特定します。

【表2】リスクマネジメントの種類

リスクマネジメント	
リスク保有	リスクの影響度が小さい場合、需要（許容）する。 例：再読み込みや少しの時間待てば、回復する障害など
リスク軽減	リスクの損失額や発生確率を低く抑える。 例：システムの二重化や無停電電源装置を使う
リスク回避	リスクの原因を除去する。 例：プログラムのバグを除去やセキュリティホールを埋める
リスク移転（転嫁）	契約などを通じてリスクを第三者へ移転・転嫁する。 例：運営を専門の他社（者）に移管することで、 より高度な運営を行う。保険なども同様。

　　ユーザ認証——コンピュータシステムを使う際に本人であるか確認する行為をユーザ認証と言います。また、接続することをログイン、切断することをログアウトと言います。近年では、より強固な認証を行うため、バイオメトリクス（生体情報）を用いたものが多く使われています。

【表3】ユーザ認証の種類

ユーザ認証の種類	
ID とパスワード	ID はどのユーザかを識別し、パスワードで本人認証する。 最も一般的なユーザ認証方式
IC カードと PIN	個別に事業所などから発行された ID が内蔵されたカードと暗証番号により本人認証する PIN コードは各機器に紐づいた専用のパスワードであり、通常のパスワードだけよりも機器自体も必要なため強固なもの
バイオメトリクス認証 （生体認証）	身体的特徴（指紋、光彩、静脈、声、顔など）や行動的特徴（筆跡、歩様、タイピングなどの癖）を元に本人を認証する

コールバックとワンタイムパスワード――社外から社内の重要なデータへアクセスする際などに、より堅固な認証をするために行います。

【表4】認証強化の種類

認証強化の種類	
コールバック	アクセス権を確認するために、社内システムから接続しなおす。 2段階認証でスマートフォン等に送られてくるショートメールも同様
ワンタイムパスワード	決まった時間、回数しか使えない臨時のパスワードを発行し、同じパスワードを使えないようにする方法 主に銀行系で送金、振込や契約変更などの際に用いられている
マトリクス認証	表状のマスや数字をユーザが決めておいた特定の動きをトレースし、その位置にある数字等をパスワードとする方法
CAPTCHA	人間であるかを判断するため、コンピュータでは判別しにくい形にゆがませた文字や画像をパスワードとする方法 似たものに、写真を数枚提示し指定されたモノがどこにあるか指示させるものもある

その他の認証

その他の認証技術	
多要素認証 （マルチモーダル）	知識情報と所持情報、生体情報などを組み合わせてより堅固に本人認証する方法
シングルサインオン	一度本人認証が通った場合、その関連システムであれば、認証しなくても使用可能にする方法
アクセス権	人物や役職などで、権限を決めておき、その権限の範囲でアクセスできるファイル等を制限する方法

7-2　情報と法

インターネット上のネチケット──インターネットの発達はわれわれの通信手段や、情報発信手段を大きく変えると同時に、大変な社会問題を生み出しています。たとえばホームページ上に載せてある知的所有権や、それを使用する上でのエチケットが問われるようになってきました。特にインターネットには情報がたくさんつまっており、企業や個人で開発したものがたくさん公開されています。それらを、自分のパソコンに取り入れて使用する場合、次のようなことに注意しないと法律違反になります。同時にネットワークあるいはインターネット上のマナーは一般に公開されています。その中でも代表的なものは次の通りです。

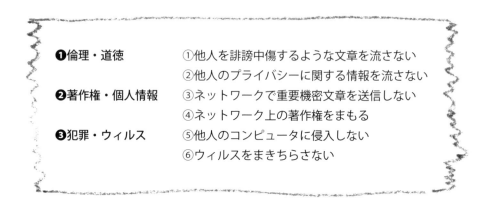

❶倫理・道徳	①他人を誹謗中傷するような文章を流さない
	②他人のプライバシーに関する情報を流さない
❷著作権・個人情報	③ネットワークで重要機密文章を送信しない
	④ネットワーク上の著作権をまもる
❸犯罪・ウィルス	⑤他人のコンピュータに侵入しない
	⑥ウィルスをまきちらさない

　これらは、ネットワーク利用上のエチケットということで、「ネチケット」とも呼ばれています。

　サイバーセキュリティとは──サイバー領域と呼ばれる電磁的に情報がやり取りできる空間において、不正アクセスや電子情報の窃取、流出や改ざんなど、「サイバー攻撃」と呼ばれるものを防止する手段や法律のことを指します。特に近年ではインターネットの普及により個人のさまざまな情報が気安くかつ容易にやり取りされるようになり、便利になった反面、個人を不正に特定され、犯罪につながるなど、大きな社会問題になっています。

　個人情報保護法──個人情報保護基本法では、高度情報通信社会の進展に伴い個人情報の利用が著しく拡大していることから、個人情報の適切な取り扱いに関し、基本原則及び政府による基本方針の作成、その他の個人情報の保護に関する施策の基本となる事項を定めたものです。これによって国および地方公共団体の責務等を明らかにするとともに、個人情報を取り扱う事業者の遵守すべき義務等を定めることにより、個人情報の有用性に配慮しつつ、個人の権益を保護することを目的としています。当初は扱う個人情報が 5000 人以下の場合は適応外でしたが、2017 年に改正され、ほとんどの個人情報取扱事業者は同法の業務規程を遵守する必要があります。この法律では、本人の求めに応じて個人情報の開示、訂正、利用停止や苦情を適切に処理することが要求されるなどの取扱いが制定さ

れています。ここでいう個人情報とは、生存する個人に関する情報であって、氏名、生年月日、個人別に付された番号、記号、符号、画像もしくは音声によって本人を識別できるものと個人識別符号が含まれるものを指します。

　個人識別符号とは、特定の個人の身体の一部の特徴をコンピュータが読み取れるようデータ化した顔や指紋などの情報やマイナンバーなどの個人に割り当てられた記号などを指します。さらに、「サイバーセキュリティ基本法」があり、この法律の目的は第一章 総則に、「基本概念を定め、国及び地方公共団体の責務等を明らかにし、並びにサイバーセキュリティ戦略の策定その他サイバーセキュリティに関する施策の基本となる事項を定める」とあります。つまり、国や地方公共団体は施策を策定し、実施する責任があり、事業者や教育研究機関はこれらの施策に協力し、使用者もサイバーセキュリティの確保に努める必要があります（第六条、第九条）。この法律の対象となるのは、「電磁的方式」によって「記録され、又は発信され、伝送され、若しくは受信される情報（第二条）」とあることから、ネットワークにつながったコンピュータから送受信、記録される情報すべてが対象となっています。

　知的財産権——知的財産権とは、何らかの創造物（文章、芸術、技術など）に対して創作者の財産として保護するための権利であり制度です。著作権や使用権などがこれにあたります。特に特許権、実用新案権、意匠権、商標権の4つはよく用いられており、工業所有権と言います。これらの権利には、知的財産権で定められた一定期間において技術の独占権、アイデアの保護、模倣製品の排除などが行えます。

　著作権は著作者人格権と著作財産権の2つに分類されます。

著作者人格権	公表権、氏名表示権、同一性保持権
著作財産権	複製権、上映権・演奏権、公衆送信権、展示権、口述権、頒布権、譲渡権、貸与権、翻訳権・翻案権、二次的著作物の利用権

　また、ソフトウェアに対しては使用権のことをライセンスと呼ぶこともあります。

　産業財産権——「産業財産権」は、産業上の知的活動を通じて生まれた発明やアイディアなどについて、独占権を与えるものです。これにより模倣を防ぎ、開発を奨励し、商取引の信用性を維持し、産業発展することを目指しており、次のものがあります。

○**特許権**　自然法則を利用した、新しくかつ高度な発明に対して、出願から20年間の独占権が与えられます。

○**実用新案権**　物品の形状、構造、組合せによるアイディア・工夫に対して、出願から6年間の独占権が与えられます。

○**意匠権**　美的独自性のある物品の形状、模様、色彩に関するデザインに対して、登録から15年間これを保護する権利が与えられます。

○**商標権**　商品やサービスに使用するマーク（文字、図形、記号、立体的形状）や商品名を登録か

ら10年間保護されます。なお、これは延長が可能です。

　著作権──創作的表現がなされたものを保護するもので、著作者は著作物を独占的に利用して利益を得る権利が与えられます。著作権の対象は、絵画・彫刻などの美術作品、小説・戯曲などの文芸作品、楽曲など音楽作品、研究所など学術に属する作品が典型例ですが、他に写真、映画、テレビゲームなど、新しい技術による著作物も、保護対象として追加されています。コンピュータの普及に伴い、プログラムやデータもその対象となっています。

　著作者財産権──著作物の財産的な利益を、著作者の死後50年間保護するもので、その一部または全部は譲渡・相続できる。複製権・上演権・上映権・頒布権・譲渡権・貸与権・翻訳権・二次的著作物の利用権などの権利があります。

　著作者人格権──著作者だけが持っている人格的権利で、譲渡・相続はできません。著作者の死亡によって消滅するが、死後も一定範囲で守られます。公表権・氏名表示権・同一性保持権があります。

Memo

◉ 7-3　コンピュータウィルスとネットリスク

コンピュータウィルスとは——経済産業省が発表している「コンピュータウィルス対策基準」[1]では、以下のように定義されています。

コンピュータウイルス

　第三者のプログラムやデータベースに対して意図的に何らかの被害を及ぼすように作られたプログラムであり、次の機能を一つ以上有するものを指します。

> ①自己伝染機能
>   　自らの機能によって他のプログラムに自らをコピーし又はシステム機能を利用して自らを他のシステムにコピーすることにより、他のシステムに伝染する機能
> ②潜伏機能
>   　発病するための特定時刻、一定時間、処理回数等の条件を記憶させて、発病するまで症状を出さない機能
> ③発病機能
>   　プログラム、データ等のファイルの破壊を行ったり、設計者の意図しない動作をする等の機能

　このような機能を持ち、人に感染するウィルスと似ていることから、コンピュータに対するウィルスということでコンピュータウィルスと呼ばれています。また、コンピュータウィルスに対して防衛をするソフトウェアをワクチンソフトやアンチウィルスソフトと呼びます。

　コンピュータウィルスの種類——コンピュータウィルスが目的としている対象に応じて、大きく分類されており、この分類に応じて対応策も考えていく必要があります。

・ファイル感染型
　　最も一般的なコンピュータウィルスであり、ユーザーが作成したファイルやアプリケーションプログラムに感染し、破壊や改ざん、乗っ取りを行います。
・ブートセクタ感染型
　　コンピュータが起動時に最初に読み込まれる部分をブートセクタと呼び、この部分に感染することでコンピュータ自体が起動しなくなったり、完全に乗っ取られたりします。

---

1)　https://www.meti.go.jp/policy/netsecurity/CvirusCMG.htm

・トロイの木馬

　別のアプリケーションやファイルの中に紛れ込まれており、アプリケーションとしては本来の機能を有しながらも、データの漏洩、改ざんなどを行うプログラムが仕込まれているものです。名称は有名な古代トロイア戦争の話からつけられています。

・ワーム

　語源のワーム（ミミズ）と同じように、ネットワーク世界（地中）を移動しながら、自己複製や破壊行動を繰り返していくウィルスであり、対策プログラムの対策を自己で行い、進化し続けていくものもあります。

　マルウェアとは──コンピュータウィルスも含まれるが、不正な動作をするプログラムの総称のことです。

　マルウェアの種類

・スパイウェア

　ユーザーの個人情報や ID、パスワードなどを収集し、外部へ漏洩させる機能を持ちます。ウェブサイトやダウンロードしてきたソフトウェアにトロイの木馬の形で仕込まれていることが多くあります。

・キーロガー

　キー（Key）すなわちキーボード等からの入力を外部へ漏洩させる機能を持つものです。入力すべてが漏洩するため、主にログイン先の URL、ID やパスワードが標的となります。

・ボット（BOT）

　名称の由来はロボットと同じく、自動で決まった機能を実行するものですが、これによりセキュリティに穴をあけ、外部から遠隔操作したり、他のコンピュータを乗っ取るための踏み台に利用されることもあります。

・ランサムウェア

　近年、特に増えてきているマルウェアであり、特定の Web サイトやダウンロードしてきたソフトウェアに仕込まれていることが多くあります。感染すると、ユーザーのファイル（写真や動画、ドキュメントなどが多い）を暗号化してロックし、解除するためには身代金（ランサム）を支払うよう要求されます。ただし、支払ったところで解除される保証はありません。

・バックドア

　名称通り、裏口（バックドア）のことであり、対象のコンピュータのセキュリティに裏口を設け、乗っ取りや他のマルウェアやウィルスをしかけるために使われています。通常の経路ではなくなるため、侵入に気付きにくい特長があります。

・RAT（Remote Administration Tool）

　本来は OS やアプリケーションに正常に付加された遠隔で操作する機能ですが、悪用し、対象のコンピュータを乗っ取ったり、ウィルスを仕掛けたりするのに使われます。正規のソフトウェアのため、ユーザーが利用している場合は、悪用に気付かれにくいのが特長です。利用していなければ、

被害は極めて少なくなります。

ウィルス対策ソフトとは——ワクチンソフトとも呼ばれており、コンピュータウィルスだけでなく、マルウェアや怪しい挙動をするソフトウェアや Web サイト、メールなどを監視し、警告や隔離、除去を行ってくれるソフトウェアです。ただし、最新の状態にしていても、基本的に既知のウィルス等にしか対策できないため、対策ソフトを導入していてもユーザーの危機意識は常に必要です。最近ではスマートフォン等のモバイル機器を対象にしたウィルス等も発生しているため、ウィルス対策アプリやセキュリティ向上アプリの導入が推奨されています。

Chapter-2

ワープロのこころえ

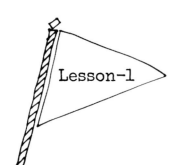

Lesson-1　タイピングのこころえ

課題 *2-1-1*　タイピングスキルを確認しよう

◆次の文章を 10 分間でタイピングしなさい
キーワード：タッチタイピング
目的：タイピングスキルを理解します。
・指示にしたがって、次の文章を 10 分間、パソコンで入力します。
・つづいて指示にしたがって、次の文章を 10 分間、スマートフォンで入力します。
・つづいて指示にしたがって、次の文章を 10 分間、手書きします。
・それぞれの文字数をカウントしてください。

　「生産的」とか「建設的」という言葉は、間違いなく肯定的な言葉として使われます。では、こうした言葉のさす内容は、どのようなものなのでしょうか。心理学者のエーリッヒ・フロムが「生産的人格」というものの分析を行っています。フロムが言う「生産的人格」とは、自己の価値観にしたがって物事の判断ができる人をいいます。何かを生産したり、創造することができる人。愛する人のために何かをすることや与えることは喜びになります。いくらでも生産することができるので、人に与えることが苦痛になりません。反対に、自己の価値観を持たず、力のあるものに従属する人、ひたすら消費するだけで、自ら生産することをしない人、人から愛されることばかりを願う人を「市場的人格」といいます。市場的人格を持つ人にとっては、与えることは取引ということになり、何の代償もなしにあてることは、損失となるのです。この人たちにとって、与えることは苦痛でしかないのです。

　今の職場や環境に不満を抱いている人は、自分が市場的人格かどうか、冷静に考えてみましょう。そうであれば、意識的に、生産的人格にシフトするように心がけてみましょう。今のままどこかへ転職したとしても、あなた自身が変わらなければ、また、同じ不満を抱くことになってしまいます。会社に何をしてもらうのか、ではなく、会社に何をしてあげられるのか、生産的人格を目指してみましょう。もしアメリカ人が我々からみて「生産的人格」が多いと感じるならば、それはすでにそういう提案がなされているからです。それは J・F・ケネディ大統領が演説の中でこう言っているからです。「国が何をしてくれるかではなく、国に何ができるのか、それを考えよう」と。こういう生産的な提言をする政治家が、すでにアメリカにはいたということです。フロムも「自身の価値観にしたがって物事の判断ができる」人が「生産的」だと言っているように、ものを作る、生み出すことだけが生産的だと言っているわけではありません。自分のルールを自らつくり、それにしたがって「あそび」を考え

ること自体がクリエイティブで生産的なんです。特にいまサービスを創造するということが重要になってきているんです。そういう意味で例えば指圧がうまい人、人の話を聞くのがうまい人、そういう他人と違ったものを持っている人は、ある意味で生産的なのです。日本は技術大国ですからどうもものづくりや、あるいは技術の対極としてのアートをクリエイティブ、生産的と思いがちですが、そうではないんです。もちろん、お金につながるような技術を持っているということが、もっとも生産的でもあるわけですが、サービス、人を喜ばせる、この人がいてよかったなと思わせること、こういうことが生産的なんです。

　たとえば、長野オリンピックで里谷多英選手が金メダルをとりました。彼女の演技によって、日本人みんなが金メダルを喜び感動を味わったと同時に、モーグルという競技について知ることになり、それはとりもなおさず、新たにモーグルをやってみたいという人間の発掘にもつながっているわけです。こうして他人に影響を与える行為、他人に新しい可能性、チャンスを見せてあげる行為は生産的以外の何物でもありません。だれしも自分のやったことはその場で認めてもらいたいし、すぐさま結果を見たいと思うでしょう。だけれども、遊びについては、自分自身の満足度をまず基準にして、ある程度ロングレンジで考えておけばいいのです。認められることだけが目的の遊びはありません。また、直接他人に影響を与えるというのではなく、自分のやっていること、やり続けていることを通して影響を与えるということです。

（富田隆『オジさん解体新書』きんのくわがた社、2000 年）

課題 *2-1-2*　四字熟語を入力しよう

◆**次の読みを漢字に入力しなおして四字熟語を完成させなさい。また、意味を調べなさい。**

キーワード：四字熟語　日本語変換

目的：四字熟語を使いこなして、ビジネス文書で求められる文章力についておさらいします。

・四字熟語の読みを漢字に入力しなおしてください。

・四字熟語の意味を調べ、四字熟語と意味を1行に収まるよう、簡潔にまとめてください。

（例）ごりむちゅう　→

五里霧中　物事の事情がわからず迷って方針や見込みなどの立たないこと。

1. いふうどうどう
2. よゆうしゃくしゃく
3. こしたんたん
4. きょうみしんしん
5. なんぎょうくぎょう
6. いしんでんしん
7. うぞうむぞう
8. うおうさおう
9. きょうそんきょうえい
10. どくりつどっぽ

11. じがじさん
12. てきざいてきしょ
13. しょうしんしょうめい
14. ぜったいぜつめい
15. てっとうてつび
16. じきゅうじそく
17. はんしんはんぎ
18. むねんむそう
19. ぜんちぜんのう
20. じごうじとく

21. しりめつれつ
22. しめんそか
23. いちもうだじん

24. ひょうりいったい
25. ぎょくせきこんこう
26. くうぜんぜつご
27. きしかいせい
28. きどあいらく
29. いくどうおん
30. ゆうめいむじつ

31. おんこちしん
32. じゃくにくきょうしょく
33. いっせきにちょう
34. さんかんしおん
35. じゅうおうむじん
36. とうほうせいそう
37. しきそくぜくう
38. ぎしんあんき
39. しんらばんしょう
40. ゆいがどくそん

41. がでんいんすい
42. てんぺんちい
43. いっかくせんきん
44. りゅうとうだび
45. いちごいちえ
46. せっさたくま
47. ごえつどうしゅう
48. しゅんかしゅうとう
49. せんざいいちぐう
50. いっきょいちどう

51. しちてんばっとう
52. さんみいったい
53. しょぎょうむじょう
54. いっきょりょうとく
55. こうとうむけい
56. しじょうめいれい
57. いっとうりょうだん
58. しつじつごうけん
59. ゆうげんじっこう
60. ばじとうふう

課題 2-1-3　慣用句を入力しよう

◆**次の□に適切な語句を入力して慣用句を完成させなさい。**
キーワード：慣用句　日本語変換
目的：慣用句を使いこなして、ビジネス文書で求められる文章力について
　　おさらいします。
・□に適切な語句を入力して慣用句を完成してください。
・□の語句は、太字、下線にしてください。
・慣用句の意味を調べ、慣用句と意味を1行に収まるよう、簡潔にまとめ
　てください。

（例）□寝入り　→　<u>狸</u>寝入り　眠っていないのに眠ったふりをすること。

 1. 仏の顔も□□
 2. 一寸の虫にも□□の魂
 3. 三つ子の魂□まで
 4. 二足の□□をはく
 5. 石の上にも□□
 6. □□寄ればもんじゅの知恵
 7. 人の噂も□□□日
 8. 孟母□□の教え
 9. □□□計逃げるに如かず
10. 百里を行くものは□□里を半ばとす

11. □□あれば水心
12. □□猫をかむ
13. 井の中の□
14. □□の衆
15. □穴に入らずば□児を得ず
16. 能ある□は爪かくす
17. □の甲より年の功
18. 泣き面に□
19. □も鳴かずば撃たれまい
20. □の道はへび

21. □□休す
22. 酒は□□の長
23. □□は一見に如かず
24. □□をあらわす

25. □□□が鳴く
26. □□の川流れ
27. □の一声
28. □の生殺し
29. □にかつおぶし
30. ぬれ手に□

31. 身に□る
32. □□をつける
33. □で□をくくる
34. 涙を□む
35. 寝た□を起こす
36. 水□の交わり
37. □をつぶす
38. 気を□む
39. □□□に蓋をする
40. 飛ぶ□を落とす勢い

41. □□を抜く
42. 取り付く□もない
43. 機が□す
44. □が知らせる
45. □□に暇がない
46. □□を曲げる
47. □が差す
48. □をうつ
49. □□をかく
50. □□がいかない

51. □を掛ける
52. 気が□けない
53. 一目□□
54. 顔が□□
55. □□を合わせる
56. 足が□□
57. 目から□へ抜ける
58. 舌を□く
59. □にかける
60. □をさぐる

課題 *2-1-4*　文字を配置しよう（山手線）

◆**次の通り山手線の全駅名を体裁よく入るよう作成しなさい。**
キーワード：レイアウト
目的：空白文字のみを使ってレイアウトを理解します。
・見本の通り山手線の全駅名を入力してください。
・フォント、フォントサイズは、適当に選んでください。
・空白文字、行間を調整して円形になるよう体裁よく調整してください。

```
                              ↵
                         田端↵
              駒込        西日暮里↵
          巣鴨              日暮里↵
        大塚                  鶯谷↵
        池袋                  上野↵
       目白                  御徒町↵
      高田馬場                秋葉原↵
      新大久保                 神田↵
      新宿                    東京↵
       代々木                 有楽町↵
       原宿                   新橋↵
       渋谷                  浜松町↵
       恵比寿                 田町↵
        目黒        高輪ゲートウェイ↵
          五反田            品川↵
              大崎↵
```

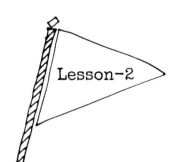

Lesson-2　書類作成のこころえ

課題 *2-2-1*　ビジネス文書（お礼状）を作成しよう

◆次のお礼状を体裁よく作成しなさい。
キーワード：ビジネス文書　スタイル
目的：ビジネス文書の基本形を理解します。
・用紙サイズは、A4 サイズにしてください。
・日付は、作成日にしてください。
・差出は、自分自身にして、学校の住所、所属（学校名、学部名、学科）を記入してください。
・その他、テキスト通り入力してください。
・フォント、フォントサイズ、行間、余白を調整して、A4 サイズ目一杯になるようにしてください。
・ルーラーを使って配置してください。

令和○年○月○○日

株式会社　文沢
人事部人事担当　駒沢　太郎　殿

東京都渋谷区神南○ー○ー○
○○大学　○○学部　○○学科
文化スミレ

　拝啓　貴社ますますご清栄のことと、心よりお慶び申し上げます。

　先日はお忙しいところを面接にお時間を頂き、ありがとうございました。
　またこの度は、貴社より内定のご通知を頂き、誠に感謝しております。重ねてお礼申し上げます。

　この数日緊張した日々を過ごしておりましたが、貴社にて新年度より社会人として職務に就くと思うと、改めて身の引き締まる思いが致しました。卒業までの間、卒業論文をはじめ学生生活を全うすべく充実した毎日を過ごしたいと思っております。未熟な私ではございますが、どうか今後ともご指導のほど、何卒よろしくお願い申し上げます。

　併せて、指定の書類をお送り致しますので、ご査収のほどよろしくお願い申し上げます。

敬具

課題 *2-2-2*　縦書きのビジネス文書（お礼状）を作成しよう

◆**次のお礼状を体裁よく作成しなさい。**

キーワード：ビジネス文書　縦書き　スタイル

目的：縦書きのビジネス文書の基本形を理解します。

・用紙サイズは、A4 サイズにしてください。

・日付は、作成日にしてください。なお数字は漢数字にしてください。

・差出は、自分自身にして、学校の住所、所属（学校名、学部名、学科）を記入してください。

・その他、テキスト通り入力してください。

・フォント、フォントサイズ、行間、余白を調整して、A4 サイズ目一杯になるようにしてください。

・ルーラーを使って配置してください。

拝啓

　貴社ますますご清栄のことと、心よりお慶び申し上げます。

　先日はお忙しいところを面接にお時間を頂き、ありがとうございました。またこの度は、貴社より内定のご通知を頂き、誠に感謝しております。重ねてお礼申し上げます。

　この数日緊張した日々を過ごしておりましたが、貴社にて新年度より社会人として職務に就くと思うと、改めて身の引き締まる思いが致しました。卒業までの間、卒業論文をはじめ学生生活を全うすべく充実した毎日を過ごしたいと思っております。未熟な私ではございますが、どうか今後ともご指導のほど、何卒よろしくお願い申し上げます。

　併せて、指定の書類をお送り致しますので、ご査収のほどよろしくお願い申し上げます。

敬具

令和〇年〇月〇日

〇〇大学〇〇学部〇〇学科　文化スミレ

株式会社　文沢　人事部人事担当

駒沢　太郎　殿

課題 2-2-3　ビジネス文書（詫び状）を作成しよう

◆次の詫び状を体裁よく作成しなさい。
キーワード　ビジネス文書　スタイル
目的　ビジネス文書の基本形を理解します。
・用紙サイズは、A4 サイズにしてください。
・日付は、作成日にしてください。
・差出は、自分自身にして、学校の住所、所属（学校名、学部名、学科）を記入してください。
・その他、テキスト通り入力してください。
・フォント、フォントサイズ、行間、余白を調整して、A4 サイズ目一杯になるようにしてください。
・ルーラーを使って配置してください。

令和○年○月○○日

株式会社　文沢
人事部人事担当　駒沢　太郎　殿

東京都渋谷区神南○ー○ー○
○○大学　○○学部　○○学科
文化スミレ

　　拝啓　貴社ますますご清栄のことと、心よりお慶び申し上げます。

　　先日は、内定のご通知を頂き、誠に感謝しております。大変なご光栄を賜り、大きな喜びと自信を得て、私自身また一歩成長することができました。しかしながら、私自身の適性と挑戦したい方向性を熟慮した結果、せっかく頂いた内定ではございますが、辞退させていただくことに致しました。貴社には多大なご迷惑をおかけすることになり、深くお詫び申し上げます。

　　本来ならば直接お伺いしなければならないところ、書面でのご報告をお許しください。

　　最後に、貴社のますますのご発展と社員の皆様のご多幸を心よりお祈り申し上げます。

敬具

課題 *2-2-4*　案内状を作成しよう

◆**次の招待状を体裁よく作成しなさい。**
キーワード：ビジネス文書　スタイル
目的：今回は A4 用紙ですが、さまざまな用紙に印刷することを理解します。
・用紙サイズは、A4 サイズにしてください。
・日付は、適当に設定してください。
・その他、テキスト通り入力してください。
・フォント、フォントサイズ、行間、余白を調整して、A4 サイズ目一杯になるようにしてください。
・ページ罫線を使用して、便箋を意識してください。
・適宜ルーラーを使って配置してください。

拝啓
　　新緑の候　皆様にはますます
ご清祥のこととお慶び申し上げます
　　このたび私たちは結婚式を
　　挙げることになりました
　皆様に私たちの誓いの証人として
　　お立ち会いいただければ
　　　何よりの幸せです
　また　挙式後にささやかですが
　　披露宴をご用意いたしました
　ご多用中誠に恐縮でございますが
ご出席を心よりお待ち申し上げます
　　　　　　　　　　　　敬具
　　　令和○年○月吉日
　　　駒沢信一郎　文化すみれ

記

日　時　　令和○年○月○○日（○曜日）
場　所　　ホテル　グランドプレミアム
挙　式　　○時○○分　チャペル
披露宴　　○時○○分　バイオレットホール

以上

課題 2-2-5　魅力ある文章を作成しよう

◆次の文章を見やすいようにレイアウトしなさい。
キーワード：スタイル、レイアウト
目的：挿絵のあるレイアウトを理解します。
・用紙サイズは、A4サイズにしてください。
・フォント、フォントサイズ、行間、余白を適当に調整してください。
・この文章にふさわしい挿絵を挿入してください。

星の王子さま

18世紀のフランスの作家サン・テグジュペリの代表作です。

家一軒ぐらいの小さな星に王子さまが住んでいました。ある日、この星に一粒の種が飛んで来て、花を咲かせました。それはたいへんにきれいなバラの花で、王子さまは心から親切に世話をしてあげました。ところが、このバラの花がわがままばかり言うので、王子さまはバラの心を疑って、この星を去ってしまいました。

王子さまは、つぎつぎにいろいろな星を訪ねていきました。六番目に訪ねた星で、地理学者から、残してきたバラがやがては消えてなくなってしまうことを聞き、バラの花がなつかしくなるのでした。

七番目には地球に到着しました。地球できつねと友だちになり、友だちというもののほんとうの意味を教えられて、ますますバラの花がなつかしくなり、胸がいたんでバラのところに帰る決心をするのでした。

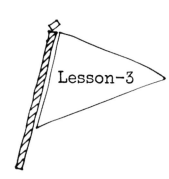 **Lesson-3**  作表のこころえ

課題 2-3-1　時間割を作成しよう

◆**現在履修している時間割を体裁よく作成しなさい。**

キーワード：罫線、作表、データベース

目的：時間割を作成することを通してシンプルな作表を理解します。

・用紙サイズは、A4 サイズにしてください。

・現在履修している時間割を作成してください。

・各授業の構成要素として「授業名」「教室」「担当者」は必ず設けてください。その他「単位数」「必修／選択」など必要に応じて追加しても構いません。

・セルの塗りつぶし色を使っても構いませんが、「必修／選択」や「好きな科目／嫌いな科目」などルールを設けてください。

・2コマ続きの授業は見本通り、結合を使うといいでしょう。

令和○年度　時間割

計 18 単位

	月曜日		火曜日		水曜日		木曜日		金曜日	土曜日	
1 時間目	法学		英語				英語			比較文化論	
9:00 ～ 10:30	小林	A33	ジョーンズ	C23			ヤング	C25	制作実習	林田	A56
2 時間目	パソコン演習		国際政治学		宗教学					中国語	
10:40 ～ 12:10	大原	B56	木村	A56	山崎	A32			五木　B56	張	C15
3 時間目					情報倫理		基礎ゼミ				
13:00 ～ 14:30					若山	B44	国松	B41			
4 時間目	社会学										
14:40 ～ 16:10	佐藤	A33	スポーツ演習								
5 時間目											
16:20 ～ 17:50			鈴木	体育館							

課題 *2-3-2* 履歴書を作成しよう

◆**実際の履歴書を体裁よく作成しなさい。**
キーワード：履歴書、作表
目的：履歴書を作成することを通して複雑な作表を理解します。
・用紙サイズは、A4サイズにしてください。
・実際の履歴書を作成してください。
・学歴は小学校卒業から、大学卒業予定までにしてください。
・職歴（アルバイト）や賞罰は、積極的に記入してください。
・現住所、電話番号は、大学の住所、電話番号を記入してください。
・作成日は、教員の指示にしたがってください。

履歴書

令和○年○月○日現在

ふりがな　　　いなぎ　すみれ	女
氏名 　　　稲城　すみれ 平成2年6月10日生（満18歳）	印

緊急連絡先		

ふりがな	
大学の住所	大学の電話番号

元号	年	月	学歴・職歴・賞罰
			学歴
平成	○	3	○○区立　○○小学校　卒業
平成	○	4	○○区立　○○中学校　入学
平成	○	3	同校　卒業
平成	○	4	私立　○○高等学校　入学
令和	2	3	同校　卒業
令和	2	4	○○○○大学　○○学部　○○学科　入学
令和	○	3	同校　卒業予定
			職歴（アルバイト）
平成	30	6	コンビニエンスストア○○店（平成31年10月まで）
平成	31	10	ファミリーレストラン○○店（現在に至る）
			賞罰
平成	28	11	東京都中学陸上競技大会　1,500m　3位
平成	31	9	全国吹奏楽コンクール　東京都大会　準優勝
			免許・資格
令和	元	10	実用英語技能検定　準2級
令和	2	9	普通自動車第一種運転免許（AT限定）　取得
			上記の通り相違ありません

課題 *2-3-3*　レシピを作成しよう

◆**次のレイアウトを参考にレシピを体裁よく作成しなさい。**
キーワード：レシピ、レイアウト、画像編集
目的：レシピを作成することを通してレイアウトや画像編集を理解します。
・用紙サイズは、A4 サイズにしてください。
・次のレイアウトを見本にレシピを作成してください。
・料理は独自のものにしてください。
・作り方は 5 ステップになるよう文章を作成してください。
・作り方の画像のサイズは同じ大きさになるよう揃えてください。

| 料理名 | ガトーショコラ |

| 材料 | 直径 15cm 1 個分 |

チョコレート	・・・	150g	無塩バター	・・・	100g
純ココア	・・・	大さじ 2	薄力粉	・・・	30g
砂糖	・・・	70g	塩	・・・	少々
卵	・・・	3 個	粉砂糖	・・・	適量

作り方

① 細かく刻んだチョコレートに薄力粉と純ココアを振る。これをボウルに入れて湯煎にしながら溶かし、バターを加えて混ぜる。

② 卵は卵黄と卵白に分ける。別のボウルに卵黄と砂糖を入れ、ハンドミキサーで 2 分程度白っぽくなるまで混ぜる。

③ ③に溶かしたチョコレートを少しずつ加えながら混ぜ、薄力粉、純ココアを再び振るいながら加えて混ぜる。

④ 別のボウルに卵白、塩を入れ、ツノがたつまで混ぜ、メレンゲを作る。これを④のボウルに 1/3 量ずつ切るように加え、混ぜる（チョコレート生地）。

⑤ 型に⑤の生地を流し入れて 170℃のオーブンで 30 〜 35 分焼いて、粗熱をとる。冷やして、お好みで粉砂糖を振って完成。

課題 *2-3-4*　見積書を作成しよう

◆**次の文書を体裁よく作成しなさい。**
キーワード：表と文章、ビジネス文書、レイアウト
目的：表と文章が混在した文書を作成することを理解します。
・用紙サイズは、A4 サイズにしてください。
・日付は作成日にし、本文中連絡期日については、作成日の 1 カ月後としてください。
・差出は、自分自身にして、学校の住所、所属（学校名、学部名、学科）を記入して
　ください。
・消費税は 10%とし、消費税額とお見積り額を計算の上、記入してください。

御見積書

No.123456 号
令和〇年〇月〇〇日

検定女子大学　御中

東京都渋谷区神南〇―〇―〇
〇〇大学　〇〇学部　〇〇学科
文化スミレ

　拝啓　時下ますますご清栄のこととお慶び申し上げます。
　御照会の件、下記の通り御見積申し上げます。なお、品物の発送の都合がございますので、1 カ月前
の令和〇年〇〇月までにご連絡いただけますようお願いいたします。
　何卒御下命賜りますよう、重ねてお願い申し上げます。

敬具

記

御見積金額　¥X,XXX,XXX －

番号	項目	数量	単価	金額
1	機器費	5 式	400,000	2,000,000
2	ネットワーク監視装置	1 式	700,000	700,000
3	工事費	1 式	1,100,000	1,100,000
4	キャンパス間接続機器	1 式	400,000	400,000
5	プリンタ装置	4 セット	200,000	800,000
6	配信装置	1 式	500,000	500,000
	合計			5,500,000

納　　　期	別途ご相談	納入場所	御社指定場所
支払場所			
支払条件			
消費税	XXX,XXX（10%）	運送方法	

以上

課題 *2-3-5*　同窓会名簿を作成しよう

◆ **97 ページの文書を体裁よく作成しなさい。**
キーワード：表と文章、ビジネス文書、レイアウト
目的：表と文章が混在した文書を作成することを理解します。
・用紙サイズは、A4 サイズにしてください。
・日付は作成日にして、本年度に同窓会を開催するものとしてください。
・差出は、自分自身にして、学校の住所、所属（学校名、学部名、学科）を記入してください。

Memo

令和○年○月○○日

卒業生　各位

東京都渋谷区神南○─○─○
○○大学　○○学部　○○学科
文化スミレ

同窓会名簿のお知らせ

　拝啓　さわやかな秋晴れの好日が続いておりますが、その後皆様には、ますますご健勝のことと存じます。

　さて、下記の通り20XX年度の名簿が完成いたしました。どうぞご確認の上、お気づきの点がございましたら、同窓会窓口までお申し出くださいますよう、お願いいたします。

　なお、来年度のクラス会は新春早々に予定しておりますので、お誘いあわせの上ご参加のほど、併せてよろしくお願いいたします。

敬具

記

20XX年度　名簿

番号	氏名	ヨミガナ	住所	電話番号
1	青木　善寿	アオキゼンジュ	千葉県千葉市中央区	047-123-4567
2	新井　眞	アライシン	東京都墨田区	03-123-4567
3	神山　美保	カミヤマミホ	東京都調布市	042-123-4567
4	佐々木　勝俊	ササキカツトシ	埼玉県川越市	049-123-4567
5	佐藤　愛子	サトウアイコ	東京都稲城市	042-234-5678
6	高橋　静子	タカハシシズコ	東京都渋谷区	03-234-5678
7	田中　啓太	タナカケイタ	神奈川県横須賀市	046-123-4567
8	中島　譲	ナカジマユズル	神奈川県横浜市戸塚区	045-123-4567
9	袴田　京子	ハカマダキョウコ	千葉県印旛郡	047-234-5678

以上

なお、上記住所に訂正があった場合には、下記に記入しFAXをお願いいたします。
FAX 042-753-XXXX

- -

変更内容

氏名	ヨミガナ	住所	電話番号

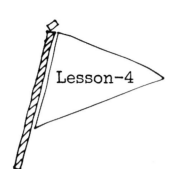

Lesson-4　作図のこころえ

課題 2-4-1　キャラクターを作成しよう

◆**好きなキャラクターを描きなさい。**
キーワード： 図形描画　グラフィック機能
目的： キャラクターを描くことを通して図形描画機能をマスターします。
・基本図形（プリミティブ）を組み合わせて、キャラクターを描いてください。
・適宜、グループ化、配置を使用してください。

課題 2-4-2　地図を作成しよう

◆**次の「課題 2-4-3」で企画するクラス会の地図を描きなさい。**

キーワード：地図　図形描画

目的：地図を描くことを通して、情報の抽象化を理解します。

・画面上が北になるように描いてください。

・ランドマーク（目印）は、必要最小限にとどめてください。

・目的地が一目でわかるよう、色やサイズ、形状で差別化してください。

・線路や高速道路については、メジャーなターミナル駅やインターチェンジに対して「至」
　を付けて指し示してください。

・微妙なカーブや多少のハの字になっていても、直線や平行線にして抽象化してください。

・相対的な位置がずれないようバランスを調整してください。

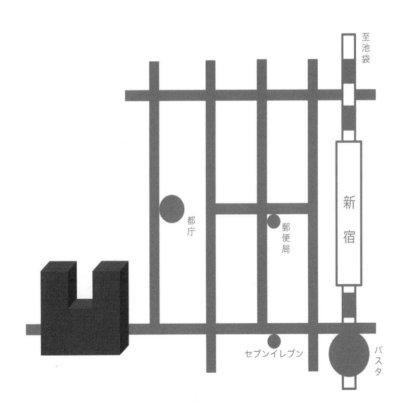

◆**見本の書式を手本にクラス会を企画しなさい。**
キーワード：ビジネス文書　企画　図形描画
目的：ビジネス文書の形式を理解した上で、企画作業について理解します。
・用紙サイズは、A4 サイズにしてください。
・クラス会は、自分自身が実際に卒業した（在籍していた）クラスにして、宛名としてください。
・タイトルは、適当に変えてください。実際に同窓会やクラス会を実施しているならばそのタイトルにしても構いません。
・差出は、現在の所属（大学名、学部名、学科名、名前）にしてください。
・案内文は、5 行程度の文章量でオリジナルの文章を作成してください。
・日時は、見本の通りにしてください。ただし、年、曜日は本年に合わせてください。
・時間は、好きな時間を設定してください。
・場所は、実際にあるお店にしてください。
・会費は、お店を貸切る前提にしますので、見本の通りにしてください。
・地図は、「**課題 2-4-2**」で作成したものを挿入してください。
・全体のバランスを調整してください。

令和○年５月１５日

第36期　第十中学卒業生　各位

○○大学
○○学部　○○学科
駒沢花子

第３回クラス会のご案内

　拝啓　目に鮮やかな新緑の候、心地よい風が吹き抜ける今日この頃。皆様にはご活躍のことと存じます。さて、第10中学を卒業してはや５年、久しぶりに皆で顔を合わせようという声がありました。そこで、第３回３年C組のクラス会を催すことになりました。
　ご多忙中とは存じますが、是非ともご出席頂きたく、下記の通りご案内致します。

敬具

記
日時　：　令和○年８月１５日（土）午後５時〜（３時間）
場所　：　無国籍料理　トメ新宿店
会費　：　7,500円
なお、準備の都合上、出席の有無の同封のハガキで６月１５日までにご返信ください。会費については当日頂きます。

以上

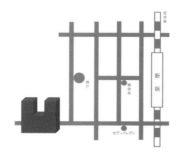

Chapter-3

表計算のこころえ

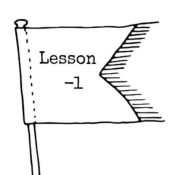

Lesson -1　作表のこころえ

課題 *3-1-1*　時間割を作成しよう

◆現在履修している時間割を体裁よく作成しなさい。

キーワード：罫線、作表、データベース

目的：時間割を作成することを通して表計算ソフトの作表機能を理解します。

・現在履修している時間割を作成してください。
・各授業の構成要素として「授業名」「単位数」「担当者」は必ず設けてください。その他「教室」「必修／選択」など必要に応じて追加しても構いません。
・セルの塗りつぶし色を使っても構いませんが、「必修／選択」や「好きな科目／嫌いな科目」などルールを設けてください。
・2コマ続きの授業は見本通り、結合を使うといいでしょう。

令和○年度　後期　時間割

単位数： 21

		月曜日		火曜日		水曜日		木曜日		金曜日		土曜日	
1時間目		法学		英語				英語		制作実習		比較文化論	
9:00～10:30		小林	2	ジョーンズ	1			ヤング	1			林田	2
2時間目		パソコン演習		国際政治学		宗教学						中国語	
10:40～12:10		大原	1	木村	2	山崎	2			五木	2	張	1
3時間目						情報倫理		基礎ゼミ					
13:00～14:30						若山	2	国松	1				
4時間目		社会学		スポーツ演習									
14:40～16:10		佐藤	2										
5時間目													
16:20～17:50				鈴木	2								

課題 *3-1-2*　履歴書を作成しよう

◆**実際の履歴書を体裁よく作成しなさい。**
キーワード：履歴書、作表
目的：履歴書を作成することを通して複雑な作表を理解します。
・実際の履歴書を作成してください。
・学歴は小学校卒業から、大学卒業予定までにしてください。
・職歴（アルバイト）や賞罰は、積極的に記入してください。
・現住所、電話番号は、大学の住所、電話番号を記入してください。
・作成日は、教員の指示にしたがってください。

	A	B	C	D	E	F	G	H
1								
2					履歴書			
3								令和○年○月○日現在
4					ふりがな　いなぎ　すみれ			女
5					氏名			
6					稲城　すみれ			印
7					平成2年6月10日生（満18歳）			
9					緊急連絡先			
11					ふりがな			
12					大学の住所		大学の電話番号	
14		元号	年	月	学歴・職歴・賞罰			
15					学歴			
16		平成	○	3	○○区立　○○小学校　卒業			
17		平成	○	4	○○区立　○○中学校　入学			
18		平成	○	3	同校　卒業			
19		平成	○	4	○○高等学校　入学			
20		令和	○	3	同校　卒業			
21		令和	○	4	○○○○大学　○○学部　○○学科　入学			
22		令和	○	3	同校　卒業予定			
23								
24					職歴（アルバイト）			
25		平成	30	6	コンビニエンスストア○○店（平成31年10月まで）			
26		平成	31	10	ファミリーレストラン○○店（現在に至る）			
27								
28					賞罰			
29		平成	28	11	東京都中学陸上競技大会　1,500m　3位			
30		平成	31	9	全国吹奏楽コンクール　東京都大会　準優勝			
31								
32					資格・免許			
33		令和	元年	10	実用英語技能検定　準2級			
34		令和	2	9	普通自動車第一種運転免許（AT限定）取得			
35								
36					上記の通り相違ありません			
37								

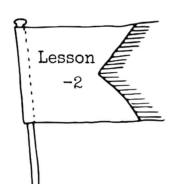

Lesson
-2

基本操作のこころえ

課題 3-2-1　アドレス入力による計算をしよう

◆アドレス入力による計算をして次の表を完成しなさい。
キーワード：計算、アドレス入力
目的：表計算ソフトの基本である計算機能を理解します。

	A	B	C	D	E	F	G	H
1								
2		a	b	a＋b	a－b	a×b	a÷b	a^b
3		5	3	8	2	15	1.67	125
4		8	4					
5		10	5					
6		18	8					
7		26	9					

課題 3-2-2　関数を使った計算をしよう

◆関数を使って次の表を完成しなさい。
キーワード：計算、関数
目的：表計算ソフトの基本である関数を理解します。

	A	B	C	D	E	F	G	H	I	J	K	L
1												
2								合計	平均	標準偏差	最大値	最小値
3		1	2	3	4	5	6	21	3.5	1.71	6	1
4		8	4	10	5	18	8					
5		26	9	8	5	2	11					
6		51	25	84	32	14	45					
7		5	5	5	5	5	5					

課題 3-2-3　棒グラフを作成しよう

◆**次の表の棒グラフを作成しなさい。**
キーワード：グラフ、棒グラフ
目的：表計算ソフトの基本であるグラフ機能を理解します。

	A	B	C	D	E	F	G
1							
2			Aさん	Bさん	Cさん	Dさん	Eさん
3		数学の得点	35	54	20	57	9
4		国語の得点	60	80	64	75	41

課題 3-2-4　折れ線グラフを作成しよう

◆**次の表の折れ線グラフを作成しなさい。**
キーワード：グラフ、折れ線グラフ
目的：表計算ソフトの基本であるグラフ機能を理解します。

	A	B	C	D	E	F	G
1							
2			1月	4月	7月	10月	12月
3		A製品の個数	135	154	120	57	9
4		B製品の個数	160	180	164	175	41

課題 3-2-5　円グラフを作成しよう

◆**次の表の円グラフを作成しなさい。**
キーワード：グラフ、円グラフ
目的：表計算ソフトの基本であるグラフ機能を理解します。

	A	B	C	D	E	F	G
1							
2			なし	みかん	いちご	もも	ぶどう
3		人数	15	23	88	26	47

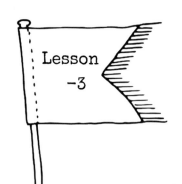

基本統計のこころえ

課題 3-3-1　世界の人口分布を調査しよう

◆**世界の人口分布をまとめ、棒グラフと円グラフを作成しなさい。**
キーワード：棒グラフ、円グラフ、世界人口
目的：多彩な二次データを集計し、グラフで表現することを理解します。
・総務省統計局のデータから、2020 年と 2050 年の世界 37 カ国の人口を集計してください。
・これを人口の多い順に並べ替えてください。
・それぞれ上位 20 カ国の棒グラフと円グラフを作成してください。
・見本のようにこれらのデータから手短に考察してください。

世界の主要国の人口分布（2020年）
単位：1,000人

No	国	人口
1	中国	1,439,324
2	インド	1,380,004
3	アメリカ合衆国	331,003
4	インドネシア	273,524
5	パキスタン	220,892
6	ブラジル	212,559
7	ナイジェリア	206,140
8	バングラデシュ	164,689
9	ロシア	145,934
10	メキシコ	128,933
11	日本	125,325
12	エチオピア	114,964
13	フィリピン	109,681
14	エジプト	102,334
15	ベトナム	97,339
16	コンゴ民主共和国	89,561
17	トルコ	84,339
18	イラン	83,993
19	ドイツ	83,784
20	タイ	69,800
21	イギリス	67,886
22	フランス	65,274
23	イタリア	60,462
24	タンザニア	59,434
25	南アフリカ	59,309
26	ミャンマー	54,410
27	ケニア	53,771
28	韓国	51,269
29	コロンビア	50,883
30	スペイン	46,755
31	ウガンダ	45,741
32	アルゼンチン	45,196
33	アルジェリア	43,851
34	ウクライナ	43,734
35	ポーランド	37,847
36	カナダ	37,742
37	オーストラリア	25,500
	合計	6,313,086

世界の主要国の人口分布（2040年）
単位：1,000人

No	国	人口
1	インド	1,592,692
2	中国	1,449,031
3	アメリカ合衆国	366,572
4	ナイジェリア	329,067
5	インドネシア	318,638
6	パキスタン	302,192
7	ブラジル	229,059
8	バングラデシュ	188,417
9	エチオピア	175,466
10	コンゴ民主共和国	155,728
11	メキシコ	149,759
12	エジプト	140,350
13	ロシア	139,031
14	フィリピン	135,619
15	日本	110,919
16	ベトナム	107,795
17	タンザニア	102,587
18	イラン	98,594
19	トルコ	94,132
20	ドイツ	82,004
21	ケニア	79,470
22	ウガンダ	74,456
23	イギリス	72,487
24	南アフリカ	71,375
25	タイ	69,008
26	フランス	67,571
27	ミャンマー	61,202
28	イタリア	57,180
29	アルジェリア	55,840
30	コロンビア	55,336
31	アルゼンチン	52,297
32	韓国	49,784
33	スペイン	45,225
34	カナダ	43,486
35	ウクライナ	38,002
36	ポーランド	35,283
37	オーストラリア	30,572
	合計	7,226,002

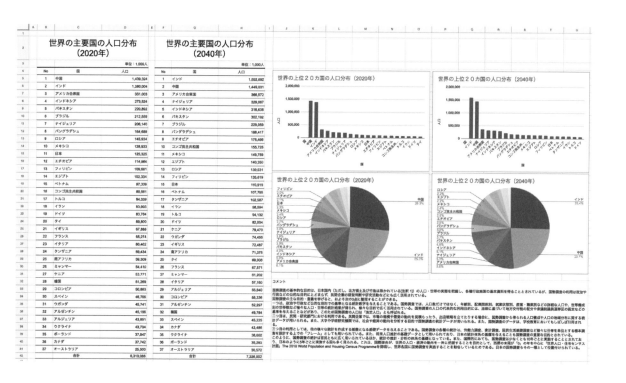

課題 3-3-2　世界の主要都市の平均気温を調査しよう

◆下記に示す世界の主要20都市の月別平均気温をまとめ、折れ線グラフを作成しなさい。また、年間平均気温と標準偏差を求めなさい。

キーワード：折れ線グラフ、世界天気

目的：多彩な二次データを集計し、グラフで表現することを理解します。

○20都市：ロンドン（ヒースロー国際空港）、パリ（オルリー空港）、モスクワ、カイロ（ヘルワン）、ナイロビ、ヨハネスブルク、テヘラン、ドバイ（ドゥバイ）、ウランバートル、ディクソン、北京、ニューデリー、バンコク、シドニー、ニューヨーク、バンクーバー（バンクーバー国際空港）、サンパウロ、ブエノスアイレス、パタゴニア（プンタアレナス）、東京

・上記主要20都市の月別平均気温を気象庁から調べ、まとめてください。

・年間平均気温と標準偏差を求めてください。

・20都市の1月から12月までの折れ線グラフを作成してください。

・見本のようにこれらのデータから手短に考察してください。

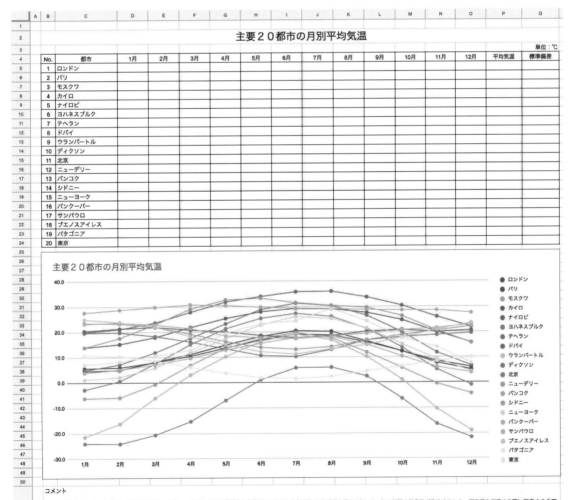

コメント

天気や気候について考えるときの気温は「地上の気温」である。気温は温度計により測定するが、構造や測定値の特性が異なるいくつかの種類の温度計が存在するため、測定値を利用する際に留意する必要がある。地上の気温の測定方法は世界気象機関（WMO）により規定されており、地上から1.25～2.0mの高さで、温度計を直接外気に当てないようにして測定することと定められている。なお日本では、気象庁が測定高さを1.5mと定めている[1]。

ふつう、上記の測定方法を満たすため、温度計と同じような測定環境が求められる湿度計は、ファン付きの通風筒や百葉箱に入れられる[1]。温度計が雨の侵入や結露によって濡れたり、雪の侵入や霜によって凍結したりすると、水の蒸発や融解による潜熱吸収の作用で温度が低下し、誤差の原因となる。また、太陽光が直接当たったり、温度計の周りの空気の流れが滞ったりすると、本来の周囲の気温以上に温度が上昇し、これも誤差の原因となる。これを防ぐために、通風筒や百葉箱は雨・雪が侵入しにくい構造になっており、通風筒ではファンにより強制的に、百葉箱では風を通しやすい構造により換気を行っている。なお、ファンの発熱の影響を少なくするため、通風筒内では外気の出口ファンを設ける構造が適切とされている[1]。

温度計を納めた通風筒や百葉箱の設置環境としては、本来の周囲の気温に近づけるために周囲の風通しが良いこと、日陰になって必要以上に低温にならないために周囲の一定範囲内に樹木や構造物などが無いこと、加熱により必要以上に高温にならないように周囲に熱源となるものが無いことなどが望まれる。気象庁の「気象観測の手引き」では、開けた平らな土地で、かつ近くに木々や建物などの他の障害物のない場所で行うことと定められており、急な傾斜地の上や窪地の中は避けるべきだが、やむを得ず設置する場合周囲の気温と比較して特性を把握しておくべきとされている。また、通風筒や百葉箱の下の地面（露場）は、丈の短い芝生が最も望ましく、難しければ周辺と同じ土壌でもよいが、雑草の繁茂を防ぐ管理上の理由から人工芝も認められている。一方、照り返しの強いアスファルトなどは不適当とされている。露場の面積は広ければ広いほど良いとされるが、気象庁のアメダス観測所ではおおむね70m2以上の露場が確保されている。

課題 3-3-3　成績表を作成しよう

◆**次の成績表を完成させなさい。**
キーワード：関数、条件分岐、統計計算
目的：表計算ソフトで統計計算することを理解します。
・見本の通り表を作成してください。
・基本統計量（合計、平均、分散、標準偏差、偏差値）および最高点、最低点を求めてください。
・3 教科の平均点から合否に、60 点以上を合格、それ未満を不合格の判定を求めてください。
・3 教科の平均点から 90 点以上「S」、80 点台「A」、70 点台「B」、60 点台「C」、60 点未満「E」の
　評価を求めてください。
・3 教科の平均点からヒストグラムを作成してください。
・見本のようにこれらのデータから手短に考察してください。

中間テスト　成績表

名前	数学	国語	英語	合計	平均	偏差値 数学	偏差値 国語	偏差値 英語	合否	評価
青山美津子	21	40	45							
飯田順子	55	86	46							
石川恭平	89	37	94							
伊藤正英	82	83	39							
北島和夫	84	75	66							
倉田かな	48	38	48							
佐々木信弘	40	72	68							
佐田尚	65	64	49							
佐藤洋介	21	31	54							
鈴木聡	30	84	70							
須藤瑞穂	79	78	62							
田中義美	52	54	57							
塚田知美	98	72	80							
寺川葉子	36	43	34							
中村義弘	33	42	45							
三島輝夫	23	71	84							
南純太	83	74	61							
八幡智彦	93	63	56							
楊順連	76	93	82							
渡辺佳代	29	35	70							
合計										
平均										
分散										
標準偏差										
最高点										
最低点										

中間テスト　成績分布

平均点

コメント
　ヒストグラム（英語: histogram[1]）とは、縦軸に度数、横軸に階級をとった統計グラフの一種で、データの分布状況を視覚的に認識するために主に統計学や数学、画像処理等で用いられる。柱図表[1]、度数分布図、柱状グラフともいう。

　histogram（ヒストグラム）の語源は、定かではない。よく古代ギリシャ語で「なにかを直立にする」（帆船のマスト、織機のバー、ヒストグラムの縦棒など）という意味の ἱστός（istos、イストス）と、「描いたり、記録したり、書いたりすること」という意味の γράμμα（gramma、グラマ）とを合わせた用語だといわれる。この用語は、イギリスの統計学者カール・ピアソンが1891年に historical diagram から創案したともいわれている[2]。

　ヒストグラムは、各々が互いに素である区間・階級（カテゴリ、これをビン（bins）という。ヒストグラムのグラフの柱（棒）のこと）に分類できる、観察結果の数を図にしたもの。計算する関数 mi である。ヒストグラムの図は、階級を一つ決めた時のヒストグラムを表現する方法である。階級の幅は一つの階級のデータ数が全データ数の平方根程度がよいとう見解をはじめ何種類か推奨がある（後述）[4]。基準点も0を含む場合には0を基準点にすることがある。それ以外の場合には、最小値、最大値を含む切りのよい値にする方法と、切りのよい数を中央値とする方法がある。

課題 *3-3-4*　身体測定表を作成しよう

◆女性／男性それぞれ 20 名の身長・体重を調べ、評価しなさい。

キーワード：関数、条件分岐、統計計算

目的：多彩な二次データを集計し、グラフで表現することを理解します。

- 女性／男性それぞれテーマを決めてインターネットで身長・体重を調べてください。
- 調べた女性／男性のデータ（20 名ずつ）を見本の通り表にまとめてください。
- 基本統計量および理想体重、BMI を求めてください。
- BMI が 18 ～ 24 を「標準」、18 未満を「低」、25 以上を「高」として判定してください。
- BMI とその判定のヒストグラムを作成してください。
- 見本のようにこれらのデータから手短に考察してください。

女性タレントデータ（１９７８年）

No	氏名	身長 [cm]	体重 [kg]	理想体重 （身長[cm]−100）×0.9	肥満率（BMI） 体重[kg]÷身長[m]2	判定
1	浅野ゆう子	167	48	60.3	17.2	低
2	池上季実子	156	46	50.4	18.9	標準
3	石川さゆり	155	45	49.5	18.7	標準
4	岩崎宏美	159	48	53.1	19.0	標準
5	太田裕美	154	45	48.6	19.0	標準
6	大場久美子	156	44	50.4	18.1	標準
7	岡田奈々	162	44	55.8	16.8	低
8	片平なぎさ	170	52	63.0	18.0	低
9	木之内みどり	162	43	55.8	16.4	低
10	小柳ルミ子	159	46	53.1	18.2	標準
11	ゆりあん	159	77	53.1	30.5	高
12	志穂美悦子	164	48	57.6	17.8	低
13	高田みづえ	152	48	46.8	20.8	標準
14	夏目雅子	164	50	57.6	18.6	標準
15	林寛子	157	46	51.3	18.7	標準
16	増田啓子	162	46	55.8	17.5	低
17	根本美鶴子	164	52	57.6	19.3	標準
18	松本ちえ子	159	48	53.1	19.0	標準
19	森昌子	154	43	48.6	18.1	標準
20	山口百恵	160	48	54.0	18.8	標準
合計		3195	967	1075.5	379.3	
平均		159.8	48.4	53.8	19.0	
分散		20.7	49.5	16.8	7.8	
標準偏差		4.5	7.0	4.1	2.8	
最大値		170	77	63.0	30.5	
最小値		152	43	46.8	16.4	

ラグビー日本代表データ（２０１９年）

No	氏名	身長 [cm]	体重 [kg]	理想体重 （身長[cm]−100）×0.9	肥満率（BMI） 体重[kg]÷身長[m]2	判定
1	稲垣啓太	186	116	77.4	33.5	高
2	具智元	184	122	75.6	36.0	高
3	坂手淳史	180	104	72.0	32.1	高
4	姫野和樹	187	108	78.3	30.9	高
5	リーチマイケル	189	105	80.1	29.4	高
6	堀江翔太	180	104	72.0	32.1	高
7	徳永祥尭	185	100	76.5	29.2	高
8	アナマキ・マフィ	189	112	80.1	31.4	高
9	中島イシレリ	186	120	77.4	34.7	高
10	トンプソンルーク	196	110	86.4	28.6	高
11	レメキロマノラヴァ	177	92	69.3	29.4	高
12	茂野海人	170	75	63.0	26.0	高
13	田中史朗	166	72	59.4	26.1	高
14	流大	166	71	59.4	25.8	高
15	田村優	181	91	72.9	27.8	高
16	中村亮土	178	92	70.2	29.0	高
17	山中亮平	188	93	79.2	26.3	高
18	福岡堅樹	175	83	67.5	27.1	高
19	松島幸太朗	178	87	70.2	27.5	高
20	松田力也	181	92	72.9	28.1	高
合計		3622	1949	1459.8	590.9	
平均		181.1	97.5	73.0	29.5	
分散		57.8	220.2	46.8	8.4	
標準偏差		7.6	14.8	6.8	2.9	
最大値		196	122	86.4	36.0	
最小値		166	71	59.4	25.8	

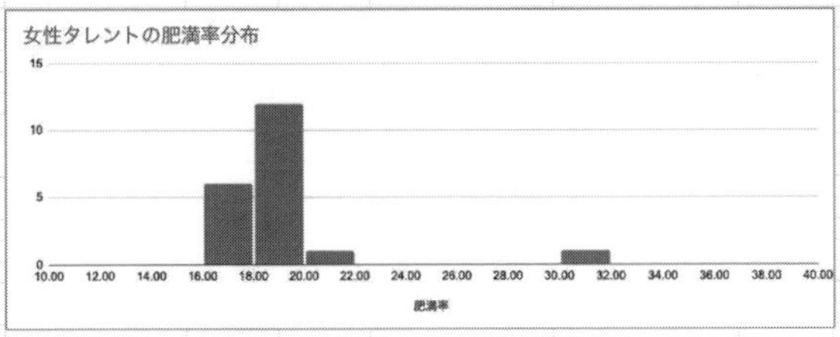

女性タレントの肥満率分布
15
10
5
0
10.00
12.00
14.00
16.00
18.00
20.00
22.00
24.00
26.00
28.00
30.00
32.00
34.00
36.00
38.00
40.00
肥満率

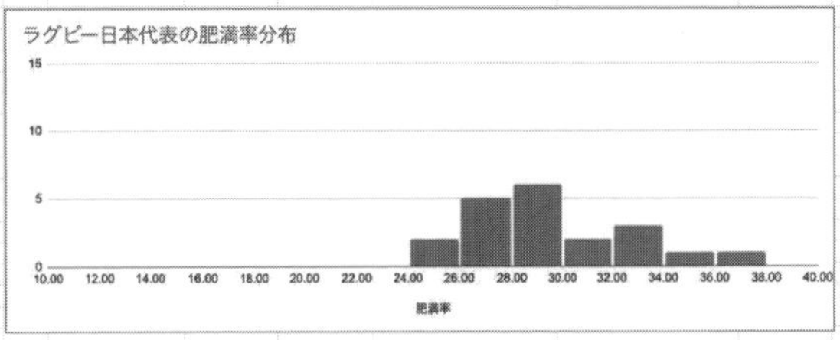

ラグビー日本代表の肥満率分布
15
10
5
0
10.00
12.00
14.00
16.00
18.00
20.00
22.00
24.00
26.00
28.00
30.00
32.00
34.00
36.00
38.00
40.00
肥満率

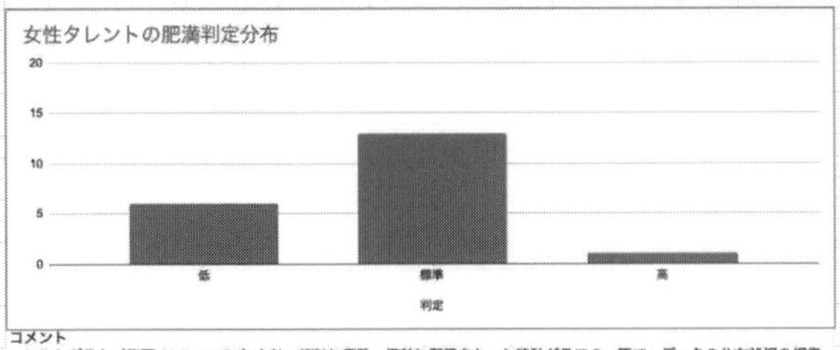

女性タレントの肥満判定分布
20
15
10
5
0
低
標準
高
判定

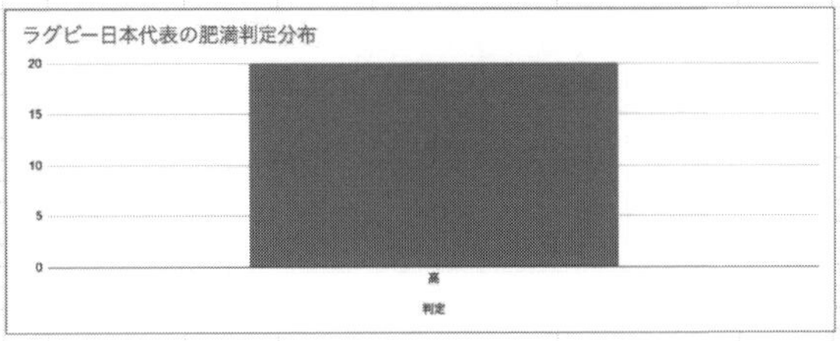

ラグビー日本代表の肥満判定分布
20
15
10
5
0
高
判定

コメント

ヒストグラム（英語: histogram[1]）とは、縦軸に度数、横軸に階級をとった統計グラフの一種で、データの分布状況を視覚的に認識するために主に統計学や数学、画像処理等で用いられる。柱図表[1]、度数分布図、柱状グラフともいう。

histogram（ヒストグラム）の語源は、定かではない。よく古代ギリシャ語で「なにかを直立にする」（帆船のマスト、織機のバー、ヒストグラムの縦棒など）という意味の ιστός（istos、イストス）と、「描いたり、記録したり、書いたりすること」という意味の γράμμα（gramma、グラマ）とを合わせた用語だといわれる。この用語は、イギリスの統計学者カール・ピアソンが1891年に historical diagram から創案したともいわれている[2]。

ヒストグラムは、各々が互いに素である区間・階級（カテゴリ、これをビン (bins) という。ヒストグラムのグラフの柱（棒）のこと）に分類できる、観察結果の数を図にしたもの。計算する関数 mi である。ヒストグラムの図は、階級を一つ決めた時のヒストグラムを表現する方法である。階級の幅は一つの階級のデータ数が全データ数の平方根程度がよいとう見解をはじめ何種類か推奨がある（後述）[4]。基準点も０を含む場合には０を基準点にすることがある。それ以外の場合には、最小値、最大値を含む切りのよい値にする方法と、切りのよい数を中央値とする方法がある。

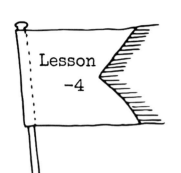

実用計算のこころえ

課題 3-4-1　レシートを再現してみよう

◆**実際のレシートを表計算ソフトで再現しなさい。**
キーワード：レシート、消費税
目的：レシートを通して表計算ソフトの計算機能および関数を理解します。
・各自用意してきた実際のレシートを表計算ソフトで再現してください。
・単価には「@」を付けてください。
・8%対象（軽減税率）と10%対象を別々に合計し、それぞれ割り戻し計算をしてください。

	A	B	C	D	E	F
1						
2			レシート			
3		軽減税率	商品名	個数	単価	小計
4			文具 消しゴム	2	@50	100
5			文具 レポート用紙	1	@180	180
6		※	ミルクチョコレート	3	@150	450
7		※	20%割引	3	-@30	-90
8		※	純ココア	1	@380	380
9		※	無塩バター	1	@250	250
10		※	粉砂糖	1	@180	180
11		※	ペットボトル炭酸飲料	5	@160	800
12			ケーキ型	1	@1,980	1,980
13			スパチュラ（シリコンヘラ）	1	@1,000	1,000
14			ふるい	1	@1,200	1,200
15					商品合計	6,520
16					値引合計	-90
17					合計	¥6,430
18					8%対象	1,970
19					10%対象	4,460
20				内消費税等（8%）		145
21				内消費税等（10%）		405

課題 *3-4-2*　国の財政を調査しよう

◆**最新の歳入と歳出の決算額を見本の通りにまとめなさい。**
キーワード：集計、構成比、財政
目的：多彩な二次データを集計し、グラフで表現することを理解します。
・財務省の最新データを見本の通り表にまとめてください。
・ただし、すべてを転記するのではなく、小計もしくは計算できるところは計算してください。なお、財務省のデータよりも若干小さくなります。
・大区分について構成比を求めてください。
・大区分の決算額の円グラフを求めてください。
・プライマリーバランス（基礎的財政収支）を求めてください。
・見本のようにこれらのデータから手短に考察してください。

平成２９年度　歳入の概要
単位：百万円

区分	収納済歳入額	構成比
1．租税及び印紙収入	58,787,487	56.7%
（1）租税	57,735,968	
①所得税	18,881,568	
②法人税	11,995,303	
③消費税	17,513,962	
④その他	9,345,238	
（2）印紙収入	1,051,519	
2．官業益金及官業収入	50,216	0.05%
（1）官業益金	50,216	
①病院収入	17,236	
②国有財産事業収入	32,980	
3．政府資産整理収入	278,155	0.3%
（1）国有財産処分収入	93,396	
（2）回収金等収入	184,759	
4．雑収入	5,741,323	5.5%
（1）国有財産利用収入	136,020	
（2）納付金	1,181,904	
①日本銀行納付金	728,554	
②独立行政法人通常納付金	1,307	
③日本中央競馬会納付金	307,693	
④その他	148,450	
（3）雑収入	4,423,399	
5．公債金	33,554,596	32.4%
（1）公債金	7,281,799	
（2）特例公債金	26,272,796	
6．前年度剰余金受入	5,232,261	5.0%
合計	103,644,040	100.0%

プライマリーバランス

税収等	70,089,442	
政策的経費	75,594,764	
プライマリーバランスPB	-5,505,322	

※税収等＝歳入ー公債金
※政策的経費＝歳出ー国債費
※PB＝税収等ー政策的経費

平成２９年度　歳出の概要
単位：百万円

区分	支出済歳出額	構成比
1．社会保障関係費	32,521,053	33.1%
（1）年金給付費	11,482,082	
（2）医療給付費	11,413,474	
（3）介護給付費	2,929,918	
（4）少子化対策費	2,109,175	
（5）生活扶助等社会福祉費	4,248,366	
（6）保健衛生対策費	306,996	
（7）雇用労災対策費	31,072	
2．文京及科学振興費	5,703,091	5.8%
（1）義務教育費国庫負担金	1,530,632	
（2）科学技術振興費	1,457,889	
（3）文教施設費	191,531	
（4）教育振興助成費	2,404,178	
（5）育英事業費	118,861	
3．国債費	22,520,820	23.0%
4．恩給関係費	285,887	0.3%
（1）文官等恩給費	8,333	
（2）旧軍人遺族等恩給費	262,608	
（3）恩給支給事務費	1,065	
（4）遺族及び留守家族等援護費	12,881	
5．地方交付税交付金	15,434,303	15.7%
6．地方特例交付金	132,800	0.1%
7．防衛関係費	5,274,292	5.4%
8．公共事業関係費	6,911,601	7.0%
（1）治山治水対策事業費	888,857	
（2）道路整備事業費	1,522,093	
（3）港湾空港鉄道等整備事業費	461,577	
（4）住宅都市環境整備事業費	545,576	
（5）公園水道廃棄物処理等施設整備費	166,532	
（6）農林水産基盤整備事業費	740,411	
（7）社会資本総合整備事業費	2,202,097	
（8）推進費等	58,258	
（9）災害復旧等事業費	325,600	
9．経済協力費	651,243	0.7%
10．中小企業対策費	319,188	0.3%
11．エネルギー対策費	969,082	1.0%
12．食料安定供給関係費	1,180,933	1.2%
13．その他の事項経費	6,211,291	6.3%
14．予備費	0	0.0%
合計	98,115,584	100.0%

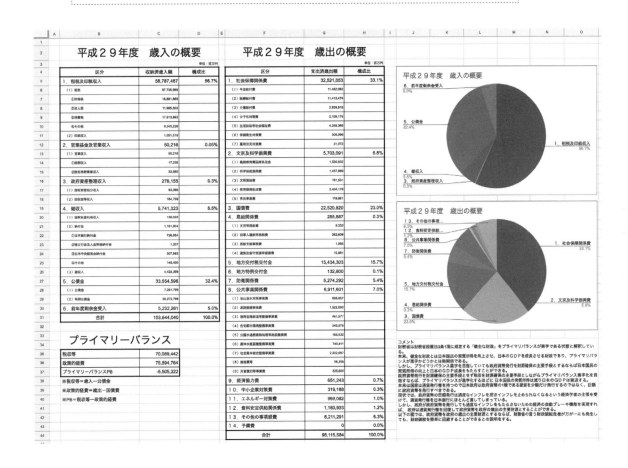

平成２９年度　歳入の概要

平成２９年度　歳出の概要

コメント
財務省は財務省設置法3条1項に規定する「健全な財政」をプライマリーバランスが黒字である状態と解釈している。
本来、健全な財政とは日本国民の実質所得を向上させ、日本のGDPを成長させる財政であり、プライマリーバランスが黒字かどうかとは無関係である。
しかし、プライマリーバランス黒字を目指していても政府貨幣発行を財源確保の主要手段とするならば日本国民の実質所得の向上と日本のGDP成長をもたらすことができる。
政府貨幣発行を財源確保の主要手段とせず税収を財源確保の主要手段としながらプライマリーバランス黒字化を目指すならば、プライマリーバランスが黒字化するほどに日本国民の実質所得は減り日本のGDPは衰退する。
本来は国家は通貨発行権を持つので日本政府は政府貨幣の1種である硬貨を少額だけ発行するのではなく、巨額に政府貨幣を発行すべきである。
現状では、政府貨幣の巨額発行は過度なインフレを招きインフレを止められなくなるという経済学者の主張を受けて、通貨発行権を日本銀行にほとんど委ねてしまっている。
しかし、政府が政府貨幣を発行しても過度なインフレをもたらさないための経済の自動ブレーキ機能を実現させば、政府は通貨発行権を回復して政府貨幣を政府の歳出の主要財源とすることができる。
以下の図では、政府貨幣を政府の歳出の主要財源とするならば、財務省の言う財政破綻危機が万が一にも発生しても、財政破綻を簡単に回避することができるとの説明をする。

課題 3-4-3　見積書を作成しよう

◆見本の通りに見積書を作成しなさい。

キーワード：自動計算、日付計算

目的：表計算ソフトでワープロ文書を作成するメリットを理解します。

・見本の通り表を作成してください。

・見積有効期間を2週間とし、作成日から自動計算してください。

・100万円未満は出精値引となるよう計算してください。

・セルB18「お見積金額（税込）」まですべて自動計算されるよう求めてください。

	A	B	C	D	E	F	G	H
1								
2						見積番号：		KB123-456
3				御見積書				
4						作成日：		2021年1月15日
5		株式会社　駒沢商会　御中						
6								
7		貴社　2021年1月10日付　第KM0153号				文化システム株式会社		
8		御照会の件、下記の通り御見積もり申し上げます。				〒123-0045 東京都新宿区代々木１－２－３		
9		故、何卒ご用命賜りますようお願い申し上げます。				TEL:03-3098-7654　FAX:03-3098-7653		
10						担当営業：第一営業部ネットワーク部門		
11						文化すみれ　sumire@bunsystem.co.jp		
12								
13		見積有効期間：2021年1月29日						
14		受け渡し期日：別途相談						
15		受け渡し場所：貴社				部長	課長	担当
16		代金決済方法：銀行振込						
17								
18		御見積金額（税込）		¥3,000,000				
19								
20		件名：研修用コンピュータシステム一式						
21								
22		No	品名		数量	標準価格	単価	金額
23		1	ABC製コンピュータシステム		15	189,800	142,350	2,135,250
24		2	Falcon製カラーレーザープリンターXLP-4500C		1	256,000	179,200	179,200
25		3	PostSystem製プロジェクタHD400J		1	オープン	258,000	258,000
26		4	TeleBox製ネットワークアダプタIPV1000		1	オープン	98,000	98,000
27		5	資材費一式		1	58,000	52,200	52,200
28		6	工事費一式		1	250,000	225,000	225,000
29								
30								
31								
32								
33							上記合計	2,947,650
34							消費税（10%）	294,765
35							出精値引	242,415
36							御見積金額合計	3,000,000
37		【備考】 1）コンピュータシステム　ABC製RX-5000F/4GB/1TB/ワイヤレスマウス/ワイヤレスキーボード/23インチタッチパネルディスプレイ						
38								

課題 3-4-4　分割払いのシミュレーションをしよう

◆金額 10 万円のスマートフォンを 24 回払いで契約しました。分割手数料（利子）は 1%とします。ローンシミュレーションしなさい。

キーワード：分割払い

目的：ローンシミュレーションなどの繰り返し計算を理解します。

・見本の通り自動計算になるよう表を作成してください。

・総支払額は 24 回目の残金を足してください。

・指示にしたがって、金額と毎回の支払額を変更してください。

	A	支払回数	残金	支払額	分割手数料
2			分割シミュレーション		
3		支払回数	残金	支払額	分割手数料
4			100,000		
5		1回	96,354	4,600	1.00%
6		2回	92,672	4,600	1.00%
7		3回	88,952	4,600	1.00%
8		4回	85,196	4,600	1.00%
9		5回	81,402	4,600	1.00%
10		6回	77,570	4,600	1.00%
11		7回	73,699	4,600	1.00%
12		8回	69,790	4,600	1.00%
13		9回	65,842	4,600	1.00%
14		10回	61,855	4,600	1.00%
15		11回	57,827	4,600	1.00%
16		12回	53,760	4,600	1.00%
17		13回	49,651	4,600	1.00%
18		14回	45,502	4,600	1.00%
19		15回	41,311	4,600	1.00%
20		16回	37,078	4,600	1.00%
21		17回	32,803	4,600	1.00%
22		18回	28,485	4,600	1.00%
23		19回	24,123	4,600	1.00%
24		20回	19,719	4,600	1.00%
25		21回	15,270	4,600	1.00%
26		22回	10,777	4,600	1.00%
27		23回	6,238	4,600	1.00%
28		24回	1,655	4,600	1.00%
29		支払総額		¥112,055	

113

課題 3-4-5　給与計算をしてみよう

◆**次の人件費一覧表を完成させなさい。**
キーワード：給与計算
目的：給与計算について理解します。なお、実際にはもっと複雑ですが、
　概要を理解することを目的とします。
・それぞれの税率にしたがって表を完成してください。
・この表に適切なグラフを作成してください。
・給与に対する税金について考察してください。

		基本給	手当（10%）	総額	所得税（5%）	保険料（3%）	住民税（2%）	支給額
4	管理部	7,890,000	789,000	8,679,000	433,950	260,370	173,580	7,811,100
5	営業部	7,580,000						
6	企画部	980,000						
7	開発1部	5,570,000						
8	開発2部	8,395,000						
9	合計							
10	平均							

人件費一覧

Memo

課題 3-4-6　家計簿を作成しよう

◆**家計簿を完成させなさい。**

キーワード：家計簿

目的：財務計算の理解につながる家計簿を理解します。

・ある月の支出入を家計簿として作成してください。

・項目については適宜追加・削除してください。

・収入／支出について適宜グラフを作成してください。

・家計について考察してください。

	A	B	C
1			
2		家計簿	
3		収入	
4		給与（手取り）	218,000
5		住宅手当	40,000
6		収入計	258,000
7		支出	
8		家賃	74,000
9		食費	17,000
10		外食費	30,000
11		光熱費	10,000
12		通信費	10,000
13		交際費	35,000
14		美容・服飾費	34,000
15		趣味・娯楽費	20,000
16		その他雑費	4,000
17		小計	234,000
18		保険料・貯蓄	
19		貯蓄	10,000
20		保険	4,000
21		収支	
22		支出計	248,000
23		収支	10,000

課題 3-4-7　栄養計算をしよう

◆**レシピから栄養計算しなさい。**
キーワード：栄養計算
目的：栄養計算を通してエネルギー（カロリー）について理解します。
・食品成分データベースを利用してレシピの食品成分（エネルギー、タンパク質、脂質、炭水化物）を転記してください。
・三大栄養素（タンパク質、脂質、炭水化物）のエネルギーに対する構成比を求めてください。ただし、1kcal=4.184g で換算してください。
・構成比の基準値は、タンパク質 16.5%、脂質 25.0%、炭水化物 57.5% としてください。
・構成比と基準値のレーダーチャートを作成してください。
・栄養計算について考察してください。

	食品名	重量 [g]	エネルギー [kcal]	タンパク質 [g]	脂質 [g]	炭水化物 [g]
	ガトーショコラ					
チョコレート		150.0	837.0	10.4	51.2	83.7
純ココア		13.6	52.0	2.5	2.9	5.8
グラニュー糖		70.0	275.0	0.0	0.0	70.0
全卵		180.0	256.0	22.0	18.4	0.7
無塩バター		100.0	720.0	0.5	83.0	0.3
薄力粉		30.0	105.0	2.5	0.5	22.7
塩		0.2	0.0	0.0	0.0	0.0
粉糖		1.5	6.0	0.0	1.5	1.0
合計		545.0	2251.0	37.9	157.5	184.2
構成比				7.0%	29.3%	34.2%
構成比（基準値）				16.5%	25.0%	57.5%

※構成比は、エネルギーの合計に対する三大栄養素（タンパク質、脂質、炭水化物）のそれぞれの割合であり、1kcal=4.184gで換算している。また、三大栄養素の構成比は、それぞれタンパク質13〜20、脂質20〜30、炭水化物50〜65が目標量の目安とされています。

資　料

Appendix-1　プレゼンテーションのこころえ

　情報発信とは、私たちが持っている「情報」を第3者に伝えることです。つまり、この「情報」を共有し、理解し合うというコミュニケーションが成り立たなければなりません。この目的を達するために用いられるメディアは、私たちの生活の中においてさまざまな形で存在しています。たとえば、テレビやラジオ、新聞、雑誌、書籍などがそれらのメディアの代表です。これらは、プッシュ型のメディアと呼ばれ、一方的に「情報」を送りつけてくるものです。これに対して、インターネットやデジタル放送などは、双方向で「情報」のやりとりを行うことができ、このようなメディアをインタラクティブ型のメディアと呼びます。プレゼンテーションは、話し手の「情報」を聞き手に直接伝える行為です。このとき、話し手は、1人もしくは少人数であり、聞き手は、多数にわたっている場合がほとんどです。このことから、プレゼンテーションは、コミュニケーション手段の一つとしてみなすことができます。そして、既存のメディアと違い、聞き手に対して直接、「情報」を伝えることが前提となります。つまり、インタラクティブ型メディアの究極の形であり、自分の伝えたいことが相手にきちんと伝わることが大前提です。プレゼンテーションは、アクティブラーニングなどここ最近注目されていますが、決して新しいものではありません。「口頭」と「文字」によるプレゼンテーションは、太古の昔から存在するもっとも長い歴史のあるコミュニケーション手段です。教員の授業もその一つとみなすことができます。しかし、この「口頭」と「文字」だけのプレゼンテーションは、非効率な上、効果が思うほど上がりません。昨今、各メディアの発達と相まって画像や映像、アニメーションを取り入れたマルチメディアなビジュアル・プレゼンテーションが主流となっています。

　どうしてプレゼンテーションが必要なのでしょうか。「情報」は、自分1人で有していても「情報」とは言えません。誰か別の人に伝えて、共有してはじめて「情報」となります。そこで、「情報」を的確に効率よく伝える手段としてプレゼンテーションが注目されています。プレゼンテーションを行うにあたり、もっとも重要なことは、独りよがりにならないことであり、相手に伝わらなければ意味がないということです。したがって、聞き手の立場になり、聞き手が何を求めているのか、どういった状況にあるのか、どの程度理解度もしくは理解力があるのかなどを考慮しなければなりません。なぜなら、聞き手に伝わらなければ、それは「情報」とは言えないからです。たとえば、研究論文発表のプレゼンテーションを考えてみましょう。どんなに優れた研究や調査を行なっていても、相手に伝わらなければ、理解してもらえず評価されることはありません。また、企業の企画や製品の説明でも、それがどんなに良い商品であったとしても、相手企業に良さを理解してもらえなければ意味をなしません。さらに身近な例では、話し手が教員、聞き手が学生という構図になっている私たちの授業そのものもプレゼンテーションの1つと考えることができます。つまり、教員がどんなに優秀で知識が豊富であっても、その授業内容が学生に理解してもらえなければ意味がありません。言い換えれば、授業内容がどんなに高尚でも学生に理解されなければ、その授業は失敗になってしまいます。もちろ

ん、学生も理解できるよう努力しなければならないことは言うまでもありません。

　次に、プレゼンテーションの方法についてまとめます。プレゼンテーションの形態は、私たち人間のコミュニケーションの源である「口頭」によるものが基本になっています。人間の長い歴史の中で、さまざまなコミュニケーションが行われてきましたが、プレゼンテーションの形態も同時に変化してきたことでしょう。それまでは、スライドやOHP（Over Head Projector）が主流でしたが、今現在では、マルチメディアデータの取り扱いが得意なコンピュータによるプレゼンテーションが主流となっています。また、その場で書籍や造形物を投影することができる書画プロジェクタは、今でも利用されています。

　プレゼンテーションする目的は、こちら（話し手）の「情報」（たとえば自分の持つ知識や考え方、あるいは企業であれば商品）を聞き手に正しくかつわかりやすく伝えることです。少なくとも、次に示す3項目が達成されなければ、プレゼンテーションは成功したとは言えません。

> 1. こちらの内容が相手に伝わり、理解（伝達・理解）してもらえる
> 2. 理解した内容が定着し、賛同が得られる
> 3. 定着した内容に従い行動がとれるようになる

　このようにプレゼンテーションは、コミュニケーションそのものです。そのため、プレゼンテーションの流れや、その資料もストーリーを組み立て、聞き手の立場になってわかりやすいものにしなければなりません。ストーリーを起こす際には、聞き手は「解説」を聞きたいのではなく「結論」を聞きたいということを念頭に置き、以下に示す項目を意識するといいでしょう。

❶プレゼンテーション全体の起承転結、5W1H（もしくは＋1H：How Much？）を明らかにする。
　→プレゼンテーションの目的、目標設定が決定する。
❷プレゼンテーション全体の構造化を行う。
　→KJ法に代表される分類法や情報整理術を利用し、プレゼンテーション全体の章立てやストーリーの展開が決定する
❸プレゼンテーションのシナリオを作成する。
　→❷をもとに具体的に話す内容、プレゼンテーション方法、時間配分、配布資料が決定する

　プレゼンテーションのストーリーとそのシナリオが決定した後に、プレゼンテーションソフトウェアを使用して、プレゼンテーション資料を作成することになります。プレゼンテーションソフトウェアが用意しているフレームワークを利用することが手っ取り早いですが、できることならば、オリジ

ナルのプレゼンテーション資料を作ることをお勧めします。以下に、プレゼンテーション資料を作る際の注意点を列記します。

---

1. フォントサイズはできるだけ大きくする（最低でも 24 ポイント以上）
2. 文章量は 1 スライドあたり 8 行くらいまでとする
3. 文章は短文にする
4. 箇条書きにする
5. デザインを統一する
6. すべてのスライドに演者、題目を明記する
7. アニメーション機能を多用しない
8. できるだけシンプルにする
9. マルチメディアデータは、専用ソフトウェアで編集・加工する

　以上、プレゼンテーションは、相手に一番伝えたいメインメッセージを明瞭に打ち出し、プレゼンテーション資料として論理的な構成が出来上がれば、良いプレゼンテーションの半分は出来上がりです。残りの半分は、みなさんが口頭で発表することです。しかし、人前で話をすることは、誰しも得意なことではないです。だからといっていつまでも発表しなければ、上手にはなりません。数をこなせば、間違いなく、その数ほど上達し、自信がついてきます。だからこそ、さまざまな授業の中で発表の機会が多くありますので、積極的に発表しましょう。

ローマ字表

あ		あ	い	う	え	お
		A	I	U	E	O
		ぁ	ぃ	ぅ	ぇ	ぉ
		LA (XA)	LI (XI)	LU (XU)	LE (XE)	LO (XO)
		ゔぁ	ゔぃ	ゔ	ゔぇ	ゔぉ
		VA	VI	VU	VE	VO
か		か	き	く	け	こ
		KA	KI	KU	KE	KO
		が	ぎ	ぐ	げ	ご
		GA	GI	GU	GE	GO
		きゃ	きぃ	きゅ	きぇ	きょ
		KYA	KYI	KYU	KYE	KYO
さ		さ	し	す	せ	そ
		SA	SI	SU	SE	SO
		ざ	じ	ず	ぜ	ぞ
		ZA	ZI	ZU	ZE	ZO
		しゃ	しぃ	しゅ	しぇ	しょ
		SYA	SYI	SYU	SYE	SYO
た		た	ち	つ	て	と
		TA	TI	TU	TE	TO
		だ	ぢ	づ	で	ど
		DA	DI	DU	DE	DO
		ちゃ	ちぃ	ちゅ	ちぇ	ちょ
		TYA	TYI	TYU	TYE	TYO
		ぢゃ	ぢぃ	ぢゅ	ぢぇ	ぢょ
		DYA	DYI	DYU	DYE	DYO
な		な	に	ぬ	ね	の
		NA	NI	NU	NE	NO
		にゃ	にぃ	にゅ	にぇ	にょ
		NYA	NYI	NYU	NYE	NYO

は		は	ひ	ふ	へ	ほ
		HA	HI	HU	HE	HO
		ば	び	ぶ	べ	ぼ
		BA	BI	BU	BE	BO
		ぱ	ぴ	ぷ	ぺ	ぽ
		PA	PI	PU	PE	PO
		ひゃ	ひぃ	ひゅ	ひぇ	ひょ
		HYA	HYI	HYU	HYE	HYO
		ふぁ	ふぃ		ふぇ	ふぉ
		FA	FI		FE	FO
		ふゃ		ふゅ		ふょ
		FYA		FYU		FYO
		ぴゃ	ぴぃ	ぴゅ	ぴぇ	ぴょ
		PYA	PYI	PYU	PYE	PYO
ま		ま	み	む	め	も
		MA	MI	MU	ME	MO
		みゃ	みぃ	みゅ	みぇ	みょ
		MYA	MYI	MYU	MYE	MYO
や		や		ゆ		よ
		YA		YU		YO
		ゃ		ゅ		ょ
		LYA		LYU		LYO
ら		ら	り	る	れ	ろ
		RA	RI	RU	RE	RO
		りゃ	りぃ	りゅ	りぇ	りょ
		RYA	RYI	RYU	RYE	RYO
わ		わ	うぃ		うぇ	を
		WA	WI		WE	WO
ん		ん				
		NN				